SeaEagle

SeaEagle

他用5項《金氏世界紀錄》，告訴我們怎麼做業務！

世界上最偉大的推銷員

我的名字，一年在你家出現12次！

連續12年，榮登《金氏世界紀錄》汽車銷售冠軍寶座
全球單日、單月、單年度，以及汽車銷售總量的紀錄保持人

通往成功的電梯總是不管用，想要成功，只能一步一步地往上爬！
——世界上最偉大的推銷員 喬·吉拉德（Joe Girard）

THE GREATEST SALESMA
IN THE WORLD

林望道／著

前言

推銷是什麼？

——謀生的手段？

——不斷與自己的勇氣和忍耐搏鬥的過程？

——把自己的尊嚴廉價典當、低聲下氣求人的行為？

——獲得豐厚的物質回報和閃耀成就，以此笑傲人生的本錢？

對推銷的不同理解，決定推銷員之間績效的差距。把推銷視為乞討行為，硬著頭皮拜訪客戶，戰戰兢兢地詢問客戶是否購買，遭到拒絕以後立刻放棄，必定是成交無望，佣金寥寥，以失敗告終。相反地，把推銷視為與客戶共贏的過程，透過對客戶的百般攻心而獲得成交，可以賺取不菲的佣金，也可以累積人脈關係，進而邁向事業巔峰。

喬・吉拉德，美國「汽車業推銷冠軍」，出生於底特律一個貧民窟，並且罹患嚴重口吃，三十五歲之前一敗塗地——進入推銷領域以後，從一九六三年到一九七七年，他成功賣出一萬三千零一輛汽車，累積大量財富。一九七八年，他功成身退，定居底特律市郊的格羅斯波因特豪宅區，與「汽車大王」亨利・福特的繼承人福特二世毗鄰而居。

與推銷結緣，使喬・吉拉德結束潦倒的日子，告別庸碌無為的人生，走上成功的輝煌大道。事實上，推銷不是把產品或服務賣給客戶那麼簡單，它表示全面改變自我，不斷挑戰生命極限，對有進取心的推銷員來說：只要不斷付出，就可以獲得成功。這種成功沒有上限，如果進取有道，就可以成為百萬富翁。

本書匯集喬・吉拉德的推銷秘訣，總結出推銷員快速成長的自我修煉術，所有的條目都指向一點：打造獲得成交的推銷員，打造金牌推銷員。

如果只是因為求職無門而銷售門檻低，勉為其難地進入這個行業，不妨讀這本書，因為喬・吉拉德會告訴你：由於對銷售的錯誤認識，你正在錯過成為百萬富翁的機會。

如果曾經立志成為一個年薪百萬的推銷員，但是因為客戶拒絕而決定放棄，不妨讀這本書，因為它會告訴你：推銷的成功開始於拒絕，只要不放棄，就可以打動客戶。

目錄

第二篇 每天進步一點點——最偉大推銷員快速成長自我修煉術

第一篇

從「鍋爐工人」到「汽車業推銷冠軍」

——喬·吉拉德的財富傳奇

喬・吉拉德簡介

一九二八年十一月一日，喬・吉拉德出生於美國底特律市的一個貧民家庭。九歲的時候，他開始給人擦鞋和送報，以此來賺錢貼補家用。十六歲的時候，他被迫離開學校，找到一份燒鍋爐的工作，因此染上嚴重的氣喘病。三十五歲以前，他換過四十份工作仍然一事無成，甚至曾經做過小偷，開過賭場。三十五歲那年，他跌落到最幽暗的人生谷底，負債高達六萬美元——他破產了。走投無路之際，他走進一家汽車經銷店，開始以銷售汽車為生，從此進入新的人生旅程——一段被成就與榮耀標注的成功人生。

在成為汽車銷售員的日子裡，喬・吉拉德不僅克服嚴重的口吃，而且透過不斷地努力，在推銷界鑄造輝煌。在其銷售生涯的第三年，他賣出三百四十三輛汽車，第四年，這個數字躍升為「六百一十四」，從此業績不斷成長，連續十二年穩居美國通用汽車銷售員冠軍寶座，被譽為「世界上最偉大的汽車銷售員」。此外，他也創造五項金氏世界汽車銷售紀錄：

（1）平均每天銷售六輛汽車
（2）一天最多銷售十八輛汽車
（3）一個月最多銷售一百七十四輛汽車
（4）一年最多銷售一千四百二十五輛汽車
（5）在十五年的銷售生涯中，總共銷售一萬三千零一輛汽車

喬・吉拉德的職業成就顯得非凡之處在於：十五年的汽車銷售生涯，正是美國經濟最蕭條的時刻。一九六四年，越戰開打，戰事使美國的經濟積重難返，加之一九七三年的石油危機，更讓美國的經濟雪上加霜，美國的汽車行業也進入蕭條時期。即使如此，喬・吉拉德仍然逆勢成功，一年之中賣出一千四百多輛汽車。

二〇〇一年，喬・吉拉德躋身「汽車名人堂（Automotive Hall of Fame）」，這是汽車界的最高榮譽，名列其中的都是汽車行業的重要人物，包括：福特汽車公司創辦人亨利・福特、本田汽車公司創辦人本田宗一郎、法拉利汽車公司創辦人恩佐・法拉利……以汽車銷售員的身分名列其中，喬・吉拉德是唯一的一個。

先確定自己的賣點，然後成功地推銷自己

喬・吉拉德說：「每次我準備要推銷自己的時候，都會先問，這次推銷的目的是什麼？想要鼓勵不會做菜的女兒，試試她媽媽的食譜，為我煮一頓我最喜歡的晚餐——充滿西西里風味的義大利麵，還是想要說服外國車廠的總經理，汽車的銷售策略應該全球一致，同時我長期銷售美國車的經驗不會成為工作障礙？或是想要說服船舶經銷商，他的船隻銷售人員可以從我的課程中和汽車銷售員獲益一樣多，或是想要讓街坊的報童認定我是他最好的客戶，以免他騎車飛馳而過的時候，丟得失去準頭。」

「有清楚的目標之後，接下來我會問自己，應該做什麼以達成目的？如果我一直強調我在美國車銷售方面的成績，而不談我要怎麼賣外國車，絕對不可能說服外國車廠的總經理。他感興趣的不是我的過去，而是他的未來，我能為他做些什麼。那才是我要推銷的。」

「如果我想讓船舶經銷商的業務員來參加我的訓練課程，我就要強調我的銷售策略而不是

如何賣車。試驗過的銷售技巧才是我真正要推銷的。最近我替一位船隻銷售員授課，他是班上八十九位汽車銷售員之外唯一的一位船隻推銷員。課程結束後，所有的汽車銷售員都有進步，這位船隻推銷員也有進步。由此可見，即使販賣完全不同的產品，他也可以有效地運用相同的法則。」

如果你想要成功地推銷自己，先要確定你的賣點是什麼！

日復一日，人們都努力在自我推銷，可是許多人失敗了，因為他們推銷的不是屬於自己的特點，他們忘了去推銷別人所需要的真正的自己。

越瞭解自己，越不容易妥協

妥協的時候，陷阱總是比利益多得多。對一件事情妥協，就是在傷害自己的人格和名譽。它也可能會給你帶來危險和嫌疑。

避免妥協的最好方法就是做你自己的主人。如果有人希望你學習他們的方式，或是「折中讓步」，或是在「疾風中彎下腰來」，你要記住，跟他們在一起你是不會受歡迎的。成功的自我推銷，不代表一定要受每個人的歡迎。

妥協的時候，會發生兩件事情：第一，你的某個部分欠給別人。第二，妥協的時候，你就是給自己「一寸」。

妥協即使只有「一寸」，很快你又會給自己一寸又一寸。無論你跟別人妥協或向自己妥協，道理都是一樣的。

妥協不僅是出賣自己，也是一種賣空。那表示你本來能達到某種程度的成功，但是你卻沒有達到。有可能你大部分的時間都在賣空自己，讓別人吞噬你，放棄你的原則對別人讓步，最糟糕的是，你可能還渾然不覺。

你越瞭解自己，就越不容易妥協。你可以對自己說，「等一下，這個人要我對某些事讓步，為什麼？」永遠要記住，如果有人想要你退讓一點，只代表一個事實：你的位置已經把他逼到牆角，除非你讓一點，否則他不會快活。一旦你照著他的話做，你就受了他的控制。

一位汽車零件鑄造商專營本地市場，並且用卡車來運送貨物。

他向我們講述一件很有趣的事情：「我有一個車隊，你知道，大約九輛或十輛車。吃油吃得挺凶的，而且我得雇用駕駛員和工人。然而，它是我的車隊，我可以掌握狀況。如果某家店在兩天前告訴我需要哪些貨，我會幫他安排。我說個時間，貨物就會準時送到。

「一些卡車運送公司告訴我，我不需要自己的車隊，我應該把卡車賣掉，把員工縮減到二十人，也不必擔心汽車——然後把運送交給他們負責。

「他們說這樣可以省錢——我不曉得可以省多少錢，但是他們正在評估。問題是，這樣一來我會無法控制狀況。如果我讓外面的公司幫我運送，在我答應客戶時，我只能期望運送公司幫我準時送到。我想我並不在乎能省多少錢。如果在運送方面妥協，我的聲譽會下跌，客戶就不會再信任我。我不想讓卡車公司來操縱我。」

他沒有聽卡車公司的話，而是仍然擁有自己的車隊。對公司已經建立起來的聲譽妥協，不是他做生意的方式。

無論在事業還是在生活方面，讓我們都告別妥協吧！

你說的第一句話，是能否讓客戶感興趣的關鍵

在面對面的推銷工作中，為了吸引顧客的注意力，說好第一句話是極其重要的。只有引起顧客的注意，才可以喚起他的興趣。顧客在聽你說第一句話的時候往往比聽第一句話以後的話時認真得多。說完第一句話以後，許多顧客都會有意或無意地立刻做出決定——是盡快把推銷員打發走還是繼續聽下去。如果第一句話不能引起顧客的興趣，以後的銷售談話就會喪失效用。一個推銷員上門推銷或電話推銷的時候，往往開頭的一兩句話就可以決定推銷員是否有可能把產品推銷出去。

喬・吉拉德認為，推銷員說的第一句話，是能否讓客戶感興趣的關鍵，如果有好的開頭，客戶就會繼續聽下去。因此，在開始推銷前首先應該考慮以下六個問題：

（1）如何才可以用簡單的一句話向客戶介紹產品的實用價值？

（2）我應該向客戶提出哪些問題才可以促使客戶坦白地說出對某一產品有哪些具體要

求？這些問題是否符合客戶的實際情況，是否與客戶的切身利益息息相關？

（3）我與客戶的談話中有哪些令人信任的案例可以說明產品的優點，又可以激發客戶購買的興趣？

（4）我怎樣幫助客戶解決問題？怎樣用簡單的幾句話就可以幫助客戶解決問題？

（5）我可以向客戶提供哪些資料，使他樂於接受我的產品？

（6）在一開始時我應該說些什麼，才可以保證與客戶進行有效的談話？

第一次拜訪客戶的時候，第一句話往往是制勝的法寶或失敗的根源。記住，要善用你的第一句話。

習慣：最好的僕人或最差的主人

喬・吉拉德說，習慣若不是最好的僕人，就是最差的主人。

世界上偉大的推銷員都具有嚴謹與良好的工作習慣，所以他們能在競爭激烈的市場上，脫穎而出，進而建立聲譽卓著的偉業。

推銷之神原一平，每天清晨五點起床，接著走一萬步，然後拜佛、用餐、看報、拜訪客戶，每天他的生活和工作都按照固定的時間表進行，分秒不差。

他的妻子久蕙說：「他之所以有優異的成績，主要是因為他本人盡了最大的努力。譬如，半夜三更他還在鏡子前照著自己的臉，研究自己的笑容，以及鑽研面相學。他的車裡一定會備放三套襯衫和長褲，然後規定自己在上班時間內拜訪十五位客戶，不管到晚上幾點都要完成任務。內心裡燃燒的那團火，成就他嚴格的工作習慣，也把他推向成就的頂端……」

一位壽險明星每天規定自己做七件跟工作有關的事情。在帶媽媽去看醫生時，如果有跟醫生護士談到保險，就算是一件；上美容院洗髮時，如果跟洗頭髮的小姐談到保險，也會記上一筆。送保單，收保費，做更改，拜訪客戶，甚至替客戶做事情都算是一件。

命好不如習慣好。假如沒有好習慣，你將很難成功；如果沒有壞習慣，你就很難失敗。習慣是選擇出來的，不是天生的。當你改變自己的習慣時，你改變的是你自己；當你沒有培養一個好習慣時，你就是在培養一個壞習慣。

學壞三日，學好三年。想要養成好習慣，我們首先要約束自己，直到將工作的程序變成一種習慣。

米開朗基羅曾經說，成功是由一些簡單的習慣組成的。

你要經常問自己：「我應該有哪些習慣來幫助自己成功？」

一個習慣大概要花二十天或三十天的時間才可以形成。你每次擺脫一個舊的習慣，都是在養成一個新的習慣。

優秀的推銷員應該養成哪些良好的習慣？

（1）遵信守時的習慣

（2）閱讀的習慣

（3）讚美（笑口常開）的習慣

（4）和主管互動的習慣
（5）談產品的習慣
（6）隨時補充「新名單」的習慣
（7）每天和客戶見面的習慣
（8）要求客戶介紹的習慣
（9）聽演講做筆記的習慣
（10）傾聽客戶說話點頭、微笑做筆記的習慣
（11）訂立目標的習慣
（12）獻身於目標的習慣
（13）不斷捲土重來的習慣（改進技巧以後）

從今天開始，立刻去養成一些好習慣吧！

成功的習慣和失敗的習慣都容易養成。如果我們不養成好習慣，就是在無形中培養壞習慣。一個好的習慣會成就一個成功的人生。

不要急於推銷產品，要先推銷自己

「你賣的商品怎麼可能都是世界第一的產品？」曾經有人這樣問喬・吉拉德。

他回答：「每個人都是獨一無二的，世界上沒有另一個我或另一個你。所有的頂尖推銷員都不是在賣產品，而是在推銷自己。」

喬・吉拉德非常善於推銷自己。他的辦公室裡，除了掛滿那些因為業績優良得來的獎牌和獎狀以外，還有刊登在報紙雜誌上的受訪畫面以及與大人物的合照……當客戶看到這些時，很快就會瞭解到喬・吉拉德是一名非常優秀的推銷員。

不要急於推銷產品，要先推銷自己。你把自己推銷出去，客戶自然會購買你的產品。

顧客在購買時，不僅要看產品是否合適，而且還要考慮推銷員的形象。即使顧客對你的產品很滿意，如果他不喜歡你這個人，買賣也難做成。在推銷活動中，人和產品同等重要。一旦顧客喜歡你這個人，在很多情況下，你的產品也就不愁賣不出去。

一個推銷員在向顧客推銷自己時，一定要做到：

第一，向顧客推銷你的人品。推銷員首先是作為一個人出現在顧客面前，他的品格如何，顧客心理會產生相應的反應。一個推銷員應該在顧客面前表現出誠實、認真、熱情、善意、自尊等品格。

喬・吉拉德說：「誠實是推銷之本。」如果顧客覺察到推銷員不誠實，出於對自身利益的保護，他們就會拒絕購買你的產品。如果你在推銷過程中，對顧客以誠相待，你的成功會容易得多，迅速得多，並且會經久不衰。

第二，向顧客推銷你的形象。「一個人的外在形象，反映出他特殊的內涵。如果別人不信任你的外表，你就無法成功地推銷自己。」喬・吉拉德是這樣看待推銷員的形象的。一個推銷員的衣著形象、言談舉止，都應該力爭給顧客留下良好的印象。

某儀器設備公司的一位推銷員，有一次在外地搞推銷。也許是某個環節出現問題，他出了火車站，等了好幾個小時也不見對方客戶的車到……當他肩扛著幾十公斤重的機器，汗流浹背地站到客戶面前時，對方很感動。就在這個瞬間，他成功地向顧客推銷自己，他的行為表示他是努力和有誠意的，一下子贏得顧客的信任。

推銷產品之前首先要推銷自己。推銷是與人打交道，人與人之間的交往首要的一條是：如何突破對方的心理防線，讓對方接納自己、喜歡自己、依賴自己。

愛屋及烏。一旦顧客對你產生喜歡、依賴之情，自然而然地，他就會喜歡、信任、接納你的產品。所以只要你將自己推銷給顧客，推銷產品就會成為輕而易舉的事情。

努力證明你與其他推銷員不一樣

做一個與眾不同的你，也就是要在客戶頭腦中留下一個鮮明的印象，讓他們把你和別人區別開，讓他們關注你做了什麼、怎麼做的，你說了什麼、怎麼說的。

你的難忘指數有多高？你離開後客戶會談論你嗎？

以下是一些關於如何做到與眾不同的建議和例子：

捨得在名片上花錢。名片是自己及公司的形象。審查一下自己的名片。你的客戶會透過它想起你嗎？如果有人給你這樣一張名片，你會有什麼樣的評價？

跟上時代。你的名片是否與外部的商業世界接軌？以下的資訊是一張名片中起碼應該包括的內容：①姓名；②公司網址；③職務；④電話；⑤公司名稱；⑥傳真（包括地區號）；⑦公司地址；⑧手機；⑨電子郵件；⑩公司標誌。

以下是一些可以使你的推銷令人難忘的方法：①親自送達；②快件送達；③額外贈送；④個性化的感謝；⑤用短信發個笑話；⑥引人注意的名片；⑦用郵件發一篇和他的嗜好有關的文章；⑧他的生日時打電話祝賀；⑨送上表示感謝的禮物——禮物籃、植物、花；⑩送上個性化的表示感謝的禮物——一本關於客戶嗜好的書、他喜歡的培訓。

想要令人難忘，你必須獲得關於客戶或潛在客戶的資訊。著名的「麥凱六六」客戶問卷把個人資訊的使用提高到新的水準。你必須用一個表格來收集以下資訊：①客戶孩子的數目；②客戶讀過的大學；③客戶最喜歡的運動隊；④客戶最喜歡的餐廳和食物；⑤客戶車的型號；⑥客戶寵物的類型；⑦客戶的嗜好；⑧客戶最喜歡的雜誌；⑨客戶最近讀過的書；⑩客戶的主要目標；客戶閱讀的商業刊物；客戶的家鄉；客戶在何處生活和工作過；客戶目前的居住地。

獲得客戶的個人資訊並正確地使用，將有助於你跟進客戶。

與眾不同和令人印象深刻還表示做一些有創造性的、個性化的事情，例如：

如果你有演出票，不要只把票送給客戶，你應該和他們一起去看。

以他們的名字為慈善活動捐款。把他們評為「本月優秀客戶」並寄去獎牌。

策劃客戶獎勵活動，如設立最佳客戶獎、最具專業精神獎等。

寄去一張手寫的留言條，上面是一些與工作無關的事情。

不要在意其他推銷員有多強，而是要在意拿什麼證明你與其他推銷員不一樣。

濃縮的推銷金言：盡量與更多的人見面

一個人之所以成功，是因為他服務的人比較多。你的成就決定於你認識多少人和多少人認識你。

推銷是「人」的事業。你認識的人越多，你服務的人就越多，你的收入也就會越多。不管你是銷售房地產還是日用品，只要你認識的人的數量足夠大，你就一定可以成功。

一九五六年，齊藤竹之助完成四千九百八十八份合約簽訂的任務，是同行推銷員中完成件數最多的，所以他成為世界第一名。原一平每天拜訪十五位客戶，平均每個月發出一千張有效名片，五十年後，他累積的客戶已達兩萬八千個以上。因為他的客戶是最多的，所以他的業績也是最好的。

你的成就永遠跟你服務的人數成正比，你的收入也與你服務的品質及服務的人數成正比。所有想要成功的人都在思考，如何讓自己服務的人數不斷增加。如果你想要成功，就要增加自己服務的人數。

任何時候，如果你覺得自己的業績不夠好，覺得自己還不夠成功，就必須把你的焦點放在自己服務的人群上——如何服務更多的人。當你可以服務更多的人時，自然就會有更多的人來認同你，來協助你完成你的目標。

推銷員要養成思考的習慣——隨時隨地想著如何結交新朋友，如何結交比自己更成功的朋友，如何結交一些對自己有幫助的朋友，如何主動地幫助成功的人，主動地付出，建立人脈。

喬・吉拉德整天帶著一疊名片到處分發，有時在會場上，他就會把名片大把地撒出去。他一個月用掉一萬多張名片，其目的無非是隨時隨地地尋找客戶。

當你這樣持續不斷地付出，幫助更多的人、服務更多客戶的時候，你自然而然就是頂尖的推銷員。

推銷如果濃縮成一句話，就是：盡量與更多的人見面。

趕走一個客戶，就等於趕走兩百五十個人

喬・吉拉德剛做汽車推銷員時，去殯儀館哀悼一位朋友的母親。在殯儀館裡，主教分發給他彌撒卡，卡上面印有去世人的姓名和相片。以前他也看過這種卡片，可是從來沒有留心過。那天也不知為什麼對它產生興趣，他問那裡的主教：「你怎麼知道要印多少張卡片？」

主教回答：「這全憑經驗。開始我們數簽名簿上的簽字，做一段時間以後就知道，平均每次來這裡祭奠的人數大約是兩百五十人。」

不久以後，有一位基督教殯儀業主向喬・吉拉德購買一輛汽車，成交後，喬・吉拉德問對方每次來參加葬禮的平均人數是多少，得到的回答是「差不多兩百五十人」。

還有一次，喬・吉拉德與夫人一起去參加一位朋友的婚禮，婚禮在一個禮堂舉行。當喬・吉拉德向禮堂的工作人員打探每次婚禮平均有多少客人時，對方告訴他：「新娘方面大概有兩百五十人，新郎方面也是如此。」

又是兩百五十人！這兩百五十人只是一個平均數，有些人則會有更多的朋友，遠遠超過這個數字。

不要小瞧這個數字。你想想，如果你得罪一個顧客，就表示得罪另外的兩百五十個顧客，這兩百五十個顧客每個人又都有兩百五十個朋友，這樣推算下去，就遠遠不止兩百五十人，其結果是相當驚人的。假定你一個星期拜訪五十個客戶，其中有兩個對你的態度表示不滿，這樣到了年底，就會有五百人受到這兩名顧客的影響。假定你每個星期都得罪兩名顧客，使他們不開心，到了年底，受他們影響的顧客就是兩萬六千人。如果這樣持續十年，那就是二十六萬人。很多人做推銷往往不只十年，以二十年計算，就是五十二萬人。也許每個星期你還不止得罪兩名客戶，想想看，你已經得罪多少人。

毀掉事情就是這樣，只要你冒犯一個人，就會失去兩百五十個顧客；只要你讓一位顧客當面難堪，就會有兩百五十人在背後使你為難；只要你不喜歡一個人，就會有兩百五十人討厭你；同樣，只要你說一個人是壞傢伙，就會有兩百五十人說你不是好東西！

我們都有這樣的經歷，在工作之餘和同事聊天時，會告訴別人自己買了什麼東西，還打算買些什麼，他人也會這樣做。這個時候，總有人會主動出來當參謀，建議你應該去哪裡買東西，應該買哪種品牌的東西，同時也會有人提醒你，不要去哪裡買或是不要買某種品牌。這是我們日常生活中很重要的一部分，也是我們這些人的生活方式。
這就是有名的喬・吉拉德二五〇定律。趕走一個客戶，就等於趕走兩百五十個人。

請客戶幫你轉介紹

一般的推銷員在洽談結束獲得客戶首肯並簽完訂單後，都會十分快慰，認為應該趕緊收拾東西打道回府。

喬・吉拉德認為，如果總是這樣，就永遠無法成為頂尖的推銷員。頂尖的推銷員和客戶一旦確立良好友善的情感氣氛後，無論客戶有無購買，都會適時提出希望，請他幫助推薦潛在客戶。在他們看來，幫助轉介紹的顧客不一定單單是購買產品的顧客。

在銷售產品時，如果有些客戶不購買，你可以說：「先生，我知道你目前已經擁有，請問你認識的人中有哪些人更需要，你可以介紹你周圍的朋友來瞭解一下我們的產品嗎？」

遺憾的是，很多推銷員做完生意後從來不懂得讓客戶轉介紹，無形中失去許多潛在客戶。

不管客戶買不買，你都要請客戶幫你轉介紹。

若你的表現、精神狀態、工作能力可以獲得客戶良好的口碑，你確實能為客戶利益著想，要求客戶轉介紹就不難獲得回應。很多時候，客戶不願介紹朋友是怕推銷員及其產品的缺陷給朋友帶來麻煩，並且使對方不愉快，影響友情，因此推銷員一定要想辦法讓客戶放心。

客戶有時不會拒絕介紹他的朋友，但會叮嚀你不得說出自己的姓名，推銷員如果不能謹慎處理，就會惹出許多麻煩。

但是如果推銷員要求對方介紹客戶的時候，對方不肯，也不必強人所難，應該立刻轉換話題給自己找個台階下。

如果拜訪成功客戶轉介紹的人，推銷員最好能向當初介紹的客戶報告進展情況，並且透過致謝函或電話表示謝意。這樣一來，客戶就會有一種強烈的成就感，他會樂於再轉介紹。這樣就會使他成為你的「客戶來源中心。」

你一定要向客戶提供物超所值的服務，甚至是別人無法想像的服務。很簡單，顧客購買的不只是產品，他買的是你的產品提供給他的服務以及你的工作態度。你的服務水準和工作態度決定顧客能否幫你轉介紹。

要經常詢問每個客戶是否可以提供可能的客戶名單。將這個推銷活動中的基本做法培養成習慣，將它變成和客戶閒聊中最自然的一句問話，你就一定會成為推銷的高手。

你的目標必須安排在行動的計畫裡

喬・吉拉德平均每星期要花上一半的時間用來做計畫，每天要花一個多小時的時間來做準備工作。在做好計畫和準備工作之前，他絕對不會出門去拜訪客戶和做推銷業務。

很多人都知道，不加上一點耐力與壓力，事情很難達到令人滿意的效果。做任何工作都要做充分的準備。同樣，你在今天晚上就應該計畫好明天要做的事情，這個月底就應該計畫好下個月你要做的一切事情，今年年底就應該計畫好明年要做的一切事情，並且在明年的時候付諸行動把它全部完成。

在訂立目標計畫的時候一定要合理，切忌流於形式。

一次，一位年輕的業務員請教喬・吉拉德：「喬・吉拉德先生，你是怎樣成為汽車行業最頂尖的推銷員？」

「因為我會給自己定下遠大的目標以及切實可行的實施方案。」喬・吉拉德回答。

「是什麼方案？」

「我會將年度的計畫和目標細分到每個星期和每天裡。例如：今年的目標是兩千四百萬美元，我會把它分成十二等份，每個月只要完成兩百萬美元就可以，然後再用星期來分，兩百萬美元除以四，每個星期只要完成五十萬美元就可以。」

「五十萬美元還是太大，怎麼辦？」

「是的，有多少人需要五十萬美元？有多少人會願意聽你的話？今天下午，你上哪裡做成這五十萬美元的單子？因此，我會把它再細分下去，把它分成七等份，分出來的數就是每天需要完成的簽單目標。目標要定得夠大才足以令你興奮，接著再把目標分成一小塊一小塊的，這樣它就會切實可行。」

在設定計畫時一定要具體可行，要把目標細分到每個星期、每天，要讓自己每時每刻都知道自己應該去做哪些事情。目標高不是問題，只要有健全的計畫，你的目標就會變成「現實」。換句話說，你的目標必須安排在行動的計畫裡，譬如：你今年的銷售目標是兩百四十萬美元，每個月的銷售就應該達到二十萬美元。

為了完成這個計畫，你應該採取什麼樣的行動？喬・吉拉德的做法會讓你覺得達成目標是多麼的容易。

根據你以往的業績，平均一家的銷售額是一萬美元。如果要達成目標，就必須銷售二十家。再調查過去的資料，你拜訪五家才有一家成功，這樣一來，你每個月必須拜訪一百家客戶，平均每個星期二十五家，每天四家。但是，為了獲得四家商談的機會，應該把被拒絕的概率也計算進去。因此，你每天必須拜訪八家以上的客戶。

於是，「每天拜訪八家客戶」便成為你每天的行動目標。

「目標」只是你行動的動力，成果光靠設定目標是無法自動產生的。如果不經過周密地計畫，無論如何健全的目標也無濟於事。

凡是成功的人都是立刻行動的人。現在就請你設定自己的行動計畫：①今年的銷售目標。②每個月的銷售目標。③每個月必要的商談次數。④每日必要的商談次數。⑤每個月必要的拜訪次數。⑥每日必要的拜訪次數。

每天花一點時間瞭解顧客

喬・吉拉德說：「無論你推銷的是什麼東西，最有效的方法都是讓顧客相信——真心相信——你喜歡他、關心他。」

如果顧客對你抱有好感，你成交的希望就增加。要使顧客相信你喜歡他、關心他，你就必須瞭解顧客，搜集顧客的各種資料。

喬・吉拉德中肯地指出：「如果你想把東西賣給某個人，你就應該盡自己的力量去收集他的與你生意有關的情報……無論你推銷的是什麼東西，如果你每天肯花一點時間來瞭解自己的顧客，做好準備，鋪平道路，你就不愁沒有自己的顧客。」

剛開始工作時，喬・吉拉德把搜集到的顧客資料寫在紙上，塞進抽屜裡。後來，有幾次因為沒有整理而忘記追蹤某一位準顧客，他開始意識到動手建立顧客檔案的重要性。他去文具店買了日記本和一個小小的卡片檔案夾，把原來寫在紙片上的資料全部做成記錄，建立他的顧客檔案。

喬・吉拉德認為，推銷員應該像一台機器，具有答錄機和電腦的功能，在和顧客交往過程中，將顧客所說的有用情況都記錄下來，從中掌握一些有用的資料。

喬・吉拉德說：「在建立卡片檔案時，你要記下有關顧客和潛在顧客的所有資料，他們的孩子、嗜好、學歷、職務、成就、旅行過的地方、年齡、文化背景及其他任何與他們有關的事情，這些都是有用的推銷情報。所有這些資料都可以幫助你接近顧客，使你可以有效地跟顧客討論問題，談論他們感興趣的話題，有這些資料，你就會知道他們喜歡什麼，不喜歡什麼，你可以讓他們高談闊論，興高采烈，手舞足蹈……只要你有辦法使顧客心情舒暢，他們不會讓你大失所望。」

寧可錯付五十個人，也不要漏掉一個該付的人

喬・吉拉德認為，做推銷這一行需要別人的幫助。喬・吉拉德的很多生意都是「獵犬」（那些會讓別人到他那裡買東西的顧客）幫助的結果。

喬・吉拉德的一句名言就是「買過我汽車的顧客都會幫我推銷」。

在生意成交之後，喬・吉拉德總是把一疊名片和獵犬計畫的說明書交給顧客。說明書告訴顧客，如果他介紹別人來買車，成交之後，每輛車他會得到二十五美元的酬勞。

幾天之後，喬・吉拉德會寄給顧客感謝卡和一疊名片，以後至少每年他會收到喬・吉拉德的一封附有獵犬計畫的信件，提醒他喬・吉拉德的承諾仍然有效。

如果喬・吉拉德發現顧客是一位領導人物，其他人會聽他的話，喬・吉拉德會更加努力促成交易並設法讓其成為獵犬。

實施獵犬計畫的關鍵是守信用——一定要付給顧客二十五美元。喬・吉拉德的原則是：寧可錯付五十個人，也不要漏掉一個該付的人。

一九七六年，獵犬計畫為喬・吉拉德帶來一百五十筆生意，約佔總交易額的三分之一。喬・吉拉德付出一千四百美元的獵犬費用，卻收穫七萬五千美元的佣金。

並非每個人都是你的有效客戶

推銷很難，除非你找到正確的方法——首先要準確地發現自己的客戶。

馬路上那麼多人，從理論上說，他們都需要我們的產品，但是他們不一定都是我們真正的客戶。

作為真正的有效客戶，他至少具備三個條件：

第一個是要有錢，這一點最重要。推銷員找到客戶後就要想：他買得起我的東西嗎？一個月的收入只有兩千美元的普通白領，你向他推銷賓士車，儘管他很想買，但是他買得起嗎？

第二個是權力。有些人或部門想要你的產品而且也有錢，但他們就是沒有決策權。很多推銷員最後不能成交的原因就是找錯人，找一個沒有購買決定權的人。

第三個是需求。你推銷的對象，除了要有購買能力和決定權之外，還要有需求。例如：這個司機昨天剛買了一台汽車空氣淨化器，今天你再向他推銷空氣淨化器，儘管他有錢和決策權，但是他沒有需求，所以他自然也就不是你的客戶。

尋找潛在客戶是推銷的第一步，在確定你的市場區域後，你就要找到自己的潛在客戶，並且與他們取得聯繫。

在一些新推銷員身上常犯的毛病就是「急功近利」，他們在準備做推銷員的時候，或多或少都有這種想法：「做推銷嘛，有什麼難的，憑我的能力很快就可以上手」。然而在現實中，迎接他們的往往是一次次的挫折和失敗。

之所以會出現這種情況，是因為很多人都忽略一點：

並非每個人都是你的有效客戶。

成功的推銷取決於你的心態

成功的自我推銷主要取決於你對別人的態度，你對別人的態度主要取決於你對自己的態度。

大部分新推銷員以及部分經驗老到的推銷員都有一個相同的問題，他們對自己的態度而非對他們的產品或服務的態度，需要更積極、更寬廣一點。

無論你從事什麼職業——醫生、律師、商人、首長、高級工程師、高級秘書、第一等的妻子或母親——無論你從事的是謀生或持家的工作，正面、積極的心態都用得上。你對自己的態度是什麼？你是一個具有正面想法的人嗎？你很樂觀、開朗、自信但是不過分驕傲，謙遜但是不過分順從嗎？你的心態很消極、挫敗、被動嗎？

暫時把你自己變成消費者，試想這種情況：假設你要買一輛新車，你比較一下，然後選出一種廠牌和款式。你已經做好選擇，而且對於價格也有清楚的瞭解。

現在把態度這個因素列入考量範圍。兩個銷售員提供給你兩種不同的交易。其中一個隻賣車給你，外加一些配件、安全設施和汽車馬力，但完全將自己置身於買賣之外。另一個除了可以讓你充分享受商品的好處之外，還十分親切、自信、願意幫忙，並且細心體貼，他賣給你的不只是車子而已。

你會跟哪一個買？我們都知道答案。當然是那個不僅擁有產品知識，而且很清楚自己，把自己當作銷售的一部分的業務員。

想要更成功地自我推銷，你也需改變自己的心態。就像生命中的每件事物一樣，心態也有兩種對立的極端：積極和消極，建設性和損壞性，寬廣和狹隘，開朗和絕望。在運動比賽中就是毅力和棄權，在音樂中就是上拍和下拍。

你要學習的秘訣是如何培養更積極的心態，這會引導你對他人抱持正面的心態，然後無論你是為了什麼目的向別人自我推銷，都會容易得多。

再向前邁一步，進入一個新境界

人生就像一場賽跑。推銷的時候，你主要的對手就是你自己。堅持不斷地推銷，你的毅力會讓你成為贏家。

如果你遇到困難，趕緊把它克服，然後面對下一個挑戰。這樣一來，所有的問題都不難解決。當你清掃一個障礙，準備要面對下一個時，你會發覺它已經自動解決。

在喬・吉拉德辦公室裡有一句標語：「通往健康、快樂、成功的電梯壞了——你必須爬樓梯——一步一格。」如果你可以一步一步地走，是不是有部壞掉的電梯就根本無所謂？只要有梯子通往你想到的地方，你就可以成功。繼續向上爬就對了。

有人說，那些不忙碌的人和那些不掙扎、不奮鬥的人只是在等死——自我推銷的道理也是一樣。要努力和有毅力，堅持你要做的事，堅持將自己推銷得更好，這些都是很健康的心態。辛勤努力絕對不會置人於死地。但是，無所事事、浪費光陰、做白日夢、不敢奮勇向前、不能一步一個腳印，這些都是致命的心態。

毅力表示你要在自己的生活中成為領導者，而不是變成跟從者。不要跟隨別人的標記，你要做那個刻下標記的人。當然，你必須明白自己要往哪裡走。

生活全部的秘訣就在於明白自己想要什麼，把它寫下來，然後努力達成。

有些人會因別人勸退而不再逆流向上，或是因為遭到嘲笑而放棄努力。你在推銷自己的過程中，會看到有些人對你的努力報以一笑，不是鼓勵的笑容，而是譏諷的笑容。你也會聽到一些卑劣的言辭，你要充耳不聞。

一位推銷員每年都有非常優秀的業績。

如果客戶站起來準備走了，這位推銷員就會碰一下客戶的手臂——這個動作在說，「別走，我希望你成為我的客戶。」他的臉上顯出挽留的神情，他的眼神及聲音也都在做同樣的努力。他和別人分享他的秘訣：「很簡單。我不相信別人所說的『不』字。對我而言，『不』就代表『或許』，沒別的。而『或許』則代表『是』。把這些記在腦中，它們會幫助你堅持到底。」

當你「一次走一步」時，面對下一步，你疲憊的身體和腦子會告訴你「不」，這個時候你要對自己說，「不」就代表「或許」。或許你可以再走一步，如果你肯，試試看。或許你可以做得到。然後，再對自己說，「或許」代表「是」。當你說「是的，我辦得到」的那一刻，你就又跨出一步。

再向前邁一步，邁一步就進入一個新境界。

你看別人像什麼，你就是什麼

別人是你的一面鏡子，你看別人像什麼，你就是什麼。當你真心喜歡別人時，別人才會真正喜歡你。

大多數推銷員都知道應該將顧客擺在第一位的道理，但總是有意無意地忘記這件事情。

你想要他人怎樣對待你，你就應該怎樣對待別人。

你要經常問自己：「我到底喜歡一個什麼樣的人？」如果你喜歡一個積極、熱情、樂於幫助別人的人，就應該先把自己變成這樣的人。

為什麼許多人喜歡養狗，因為狗喜歡人。不管你是什麼人，是貧窮也好，是富貴也罷，它都不嫌棄。它總是向你搖尾巴，在你身邊穿來穿去的。

一個好的推銷員在天性上就會傾向喜愛他人，並且一直在試圖讓別人快樂。如果你可以讓顧客或潛在客戶感覺到，你是真心喜歡他們，也非常敬重他們，你的推銷將會無往不利。

「每個人都與眾不同！每個人都自我感覺良好，別人也這麼想。無論見到什麼人，你都應該竭力想像他身上顯現著一種看不見的信號：讓其感覺自己很重要！」玫琳凱化妝品公司創始人玫琳凱・艾施如是說。

玫琳凱是美國歷史上最成功的女商人之一。她懂得如何讓別人自我感覺良好，進而達到推銷的目的。

設法讓別人知道，你對他們真的很感興趣。

在產品推銷過程中，你應該如何對客戶真誠地表示你對他們感興趣？

第一，無論他是什麼人，你都必須真心地尊重他，讓他體會到你的真誠。

第二，對他的職業感興趣，並且學會恰到好處地稱讚。

第三，記住客戶的生日，並且在他生日的時候進行祝賀。

第四，發現對方的興趣，並且滿足他。

你對別人感興趣是在別人對你感興趣之前，所以你要推銷，首先就要對客戶真誠地感興趣。

成功就是永遠比自己的競爭對手多做一些

成功不是一蹴而就的，但是如果每天進步一%，一年，五年，十年後，其改變就會大得驚人。

「人一旦來到這個世界，就要對自己負責，每天努力地修行。如何使今天的自己比昨天的自己更進步、更充實，這是人生的責任中最要緊的。」原一平這樣認為。

原一平為了讓自己不斷進步，舉辦「原一平批評會」，坐禪修行，請人調查自己，在「認識自己」與「雕塑自己」的過程中，他由原來的窮小子逐漸變成億萬富豪。

每天都持續不斷地改進，每天進步一點點，你肯定會成功。

也許你只是比別人早起一點，參加公司早會，多學一點東西，而這一點就成為別人與你專業知識的差距；也許你每天只比別人多見一個客戶，多送一份產品說明書，然而日復一日，你卻成為行業中每個人崇拜的英雄。

業績的領先不是因為你比別人多花二倍、三倍，甚至更多的時間，而只是每天多花一個鐘頭而已。下班之前，我們要告訴自己，再努力一個小時。

三和四的差別只有一個數，但當三的四次方和四的四次方比較時，我們驚訝地發現數字變為八十一：兩百五十六。人生就是一個追求卓越的過程，只要我們每天進步一個點，一年就進步三百六十五個點。持續這樣做，這樣地改善，人生中任何一點點差距都有可能在幾年後相差十萬八千里。每天進步一點點，這是我們的工作所需，更是我們一輩子的事情，這就是我們每天的目標。

喬・吉拉德指出：成功的秘訣就是多做一點，永遠比你的競爭對手多做一點。別人停止工作的時候，你再多打一個電話給你的顧客；遭到拒絕無法站起來面對的時候，再撥一次電話；大家都說很累時，你再去拜訪一個客戶。

美國聖地牙哥汽車推銷冠軍成功的秘訣是：每天比競爭對手多賣一輛車子。第二名賣一輛，他就賣兩輛；第二名賣二輛，他就賣三輛。月底結算時，他一定是第一名。

無論工作、生活還是家庭溝通，都要持續不斷地去改變。當一天結束時，應該問自己「今天我做了哪些事情？有沒有比以前更加進步一些？如何把這些事情做得更好？」

每個人都值得感謝

不要在別人接受你的意見或是購買你的產品時才感謝他。事實上，每個人都是值得感謝的，因為他至少抽出時間給你，願意和你交談。

很多業務員非常現實。這些業務員並不瞭解，顧客讓我們參與他們生活的一部分，願意花時間聽我們介紹自己的產品、服務及理念，這些都是值得感謝的。

世界頂尖的推銷員，都抱有一顆感恩的心。無論成交於否，他們都要寄張賀卡或打個電話給拜訪過的人，表示感謝。當客戶跟你購買的時候，更要感謝他；當顧客不買的時候，你還是要感謝他。

湯姆•諾曼用信函來傳達文字畫面。他訓練業務員在達成銷售後一定要寫信給顧客。湯姆堅持手寫信函，從不用列印稿。甚至折信的方式他也非常用心。

例如：他在信中寫：

「對於你的款待我要表達個人的感謝。我非常高興拜訪你和你的家人。我很榮幸你選擇我們的產品且能聽你講授它所帶來的成果。我會和你繼續保持聯繫，以便將來你有其他需要我服務的地方。同時，假如你有任何需要協助的地方，請不要客氣，儘管和我聯絡。

「謝謝你，世界因為你而變得更為精彩，是你豐富我的生命。」

這封信勾勒出一些畫面，並給客戶不同程度的震撼。他要讓顧客確信「我不會因為你買了產品便不再管你。」他勾畫出業務員是以服務為導向。這個方法使他登上推銷的最高峰。

如果你可以不斷地感謝每個人，他們就會發現你是他們見過的最特別的一位推銷員，也是服務態度最好、最熱誠的一位推銷員。

經常和客戶保持聯繫和友善往來。這樣，有一天當他們有需要的時候，一定會購買你的產品。他們現在不買並不表示永遠不買。做生意要看長遠。

推銷活動中，不要吝嗇於感謝別人，一張小小的賀卡可以交到許多的朋友，也可能帶給你意想不到的收穫。

交易完成，買賣才剛開始

許多銷售人員都認為，交易完成的那一刻就代表一切結束了。大錯特錯！其實這個時候買賣才剛開始。推銷員和客戶的關係應該像長期的婚姻關係一樣，不斷來回的生意，是成功的加項。無論是賣家具、保險、房產或家電用品，其中的道理都是一樣的。許多推銷員在交易完成的那一刻，就扼殺重複生意的機會。很悲哀，因為他們忘了那才是買賣的開始。

進行產品交易時，客戶最先買的應該是你這個人。當你站在產品前面，就表示你介於客戶和他所買的東西之間。交易完成後，你變成他的朋友——事實上你應該努力這麼做。任何問題或瑕疵都可能使客戶很不高興。他到經銷商店裡來時可能會掀起風暴，影響你的生意。

有些推銷員一見到客戶在交易完成後氣衝衝地跑來，就會說：「討厭的傢伙來了」，然後躲起來。躲到洗手間或從後門溜走，要別人替他們擋著。他們盡一切可能去逃避客戶。

躲掉客戶或推卸責任，都會立刻結束長遠的生意關係，因為那個時候才是長久生意的開始，假如推銷員能多付出一些。

有時候走額外的一里路，你也許會為一筆生意付出少量的金錢，但這是值得的。你或許發現，新車具有各種很好的保證，但是其中不包括前後輪的定位。

所以，每次交易完成後，你要提醒客戶：「貝茲先生，我想你有可能在路上碰到凹洞，造成前輪定位不準。由於我很重視你這筆生意，我願意提供一次免費輪胎定位的保證。」這項保證並不會花掉多少錢。

做個走兩里路的人不僅可以得到交易，還可以維繫生意。這對銷售商品或服務很有幫助。

想想看，如果你也用這種心態來推銷全世界最棒的產品——你自己，會有多大的助益？

當別人認為你很願意伸出友善之手——無論他們是否要求，你就可以很容易地反覆自我推銷，因此你也就成為品質更好的產品。

沒有離開的客戶，只有離開的推銷員

喬・吉拉德曾經說，沒有永遠的失敗，只有永遠的放棄。沒有離開的客戶，只有離開的推銷員。

在拳擊場上，絕對沒有第一拳就可以擊倒對手的紀錄，只有連續的重擊，才可以把對手擊倒；在足球場上，輸贏往往就在一兩個球的細微差距，但任何一位足球教練都會告訴球員：想要贏球，就必須不停地進攻和防守，不斷地消耗對方的銳氣。

同樣，在銷售場上，一項影響較大的銷售，往往需要推銷員拜訪五次以上才可以成交。優秀的推銷員從來不會因為「客戶」一時的拒絕，就放棄拜訪。

遭到拒絕以後，有經驗的推銷員會採取一種不給對方施加壓力的方法。他們會經常與「客戶」聯繫，定期把產品的相關資訊寄送給客戶。同時，每隔一段時間還會與客戶約訪。事實證明，這樣做會比窮追不捨的效果好得多。「客戶」會被你的關心與體諒感動，你的努力和付出也必會在一定時候得到回報。

正如喬・吉拉德所說：我從未放棄過，也不會離開；我一直都在這裡，門是開著的，客戶一再地拒絕，只是因為時機未到。

如果你不幸遭到拒絕，請在澄清客戶的疑惑後再去嘗試——請求成交；如果嘗試後得到的還是否定的回答，就再去澄清，再去嘗試。只要你敢於面對這種拒絕，並且有技巧地堅持下去，相信你最終會成功的。

有人曾經統計，在所有向顧客嘗試要求成交的推銷員當中，有四〇%的人在第一次被拒絕以後會放棄；有二二%的人在第二次被拒絕以後會放棄；有十六%的人在第三次被拒絕以後會放棄；有十四%的會在第四次被拒絕以後人才放棄。

如果把這些放棄的人數的百分比相加，你會發現竟然有高達九二%的推銷員沒有在第五次以後再次嘗試，要求與顧客成交。相反地，只有八%的推銷員在遭受拒絕以後，有勇氣嘗試第五次。

請記住這個事實：六〇%的顧客在成交之前，會拒絕四次。所以，正是由於八%的「勇夫」仍然去嘗試第五次，才有獨享六〇%的顧客生意的頂級推銷員。

推銷員一定會遭到多次拒絕，重要的不是聽到多少個「NO」，而是聽到多少個「YES」。失敗多少次不重要，重要的是你要採取哪些行動去幫助自己再嘗試一次。一次的成功不重要，重要的是永遠不放棄成功的念頭，只要堅持到底，永不放棄，就一定能成功。

顧客見證說的每句話，比你說一百句話還管用

聰明的消費者不會隨便購買價值昂貴的產品，他們需要足夠的證據。強有力的顧客見證會讓你的顧客產生非常強烈的好奇心，產生非常大的信任感，促使顧客立刻行動。

推銷過程中最重要的秘訣就是使用顧客見證，當然最好是名人見證。這也是很多企業都請名人做廣告的原因之一。

世界第一的潛能訓練大師安東尼・羅賓，他的潛能開發錄音帶，七年銷售兩千五百萬盒以上，是有史以來最暢銷的個人成長錄音帶，他每年都有兩千萬美元投入在廣告上。

在他的顧客見證中，有《一分鐘經理人》的作者肯・布蘭查先生，有《攻心為上》的作者麥凱先生，還有美國總統柯林頓、曼德拉總統、黛安娜王妃、世界網球巨星阿格西、全球五百大企業的總裁。

有一個從未參加過比賽的高爾夫選手，第一次參加全國比賽就獲得冠軍。事後他跟大家說，假如沒有聽過安東尼・羅賓的錄音帶，他沒有辦法得到冠軍。

這盤磁帶的顧客見證具有如此強烈的震撼力，使人們不得不去買。

在美國一家房地產公司，有世界第一的推銷員，他平均每兩天就可以賣一棟房子，別人一個月賣兩三棟，就已經不錯了。連他都需要每天聽安東尼・羅賓的錄音帶，所以當顧客看到之後，就一定會購買。

每個推銷員都需要使用顧客見證。顧客見證說的任何一句話，比你說一百句話還管用。

在推銷過程中還可使用其他各種「證據」，如一些權威性的文字、良好的企業形象、正面的報導、雜誌、書籍，還有專訪、名人的推薦信函、政府圖表、資料圖片、統計表格、有名的愛用者、使用者的名單照片、文件和口碑……

有些推銷員會把各種與產品有關的見證、照片、剪報等收集在文件夾裡，以便隨時拿出來作為推銷說服的證據。

對你的產品最熱心的人就是曾經使用過或正在使用著它的顧客，這些顧客對產品的說明或見證，有時候比你自己的推銷談話還精彩。

多談論價值，少談論價格

有關討價問題，心理學家曾經進行調查，認為客戶討價的動機有以下幾種情況：

（1）客戶想要買到更便宜的產品。

（2）客戶知道別人曾經以更低的價格購買推銷員的產品。

（3）客戶想要在談判中擊敗推銷員，以此顯示自己的談判能力。

（4）客戶想要利用討價還價策略達到其他目的。

（5）客戶害怕吃虧。

（6）客戶想要向其他人證明自己有才華。

（7）客戶把推銷員的讓步看作是自己身分的提高。

（8）客戶不瞭解產品的真正價值，懷疑產品的價格與價值不符。

（9）客戶根據以往的經驗，知道從討價還價中會得到好處，而且知道推銷員會讓步。

（10）客戶想要透過討價還價來瞭解產品的真正價格，判斷推銷員是否在說謊。
（11）客戶想要從另一家買到更便宜的產品，討價還價是為了給另一家施加壓力。
（12）客戶還有其他同樣重要的異議，這些異議與價格無關，只是將價格作為一種掩飾。

任何東西都會有人嫌貴，嫌貴只是一個口頭禪。這是推銷員最常見的客戶異議之一，遇到這種異議的時候，切忌回答「你不識貨」或是「一分錢，一分貨」。在解決這個問題的時候，推銷員應該遵循以下原則：

（1）先發制人，不等客戶開口說出來，就把客戶要提出的異議化解。
（2）在談話中，盡量先談論產品價值，然後談論產品價格。
（3）在交易中，價格是涉及雙方利益的關鍵，談論價格容易造成僵局。化解這個僵局的最好方法是：多強調產品對客戶的好處與實惠。因此，多談論產品價值，少談論產品價格。
（4）把客戶認為價格高的產品與另一種產品進行比較，它的價格可能就會顯得比較低。經常收集同類產品的價格資料，以便必要的時候進行比較。
（5）在可能的情況下，用比較小的計價單位為客戶報價，例如：一包火柴售價十元，將計價單位縮小到一盒火柴一元。將交易總金額細分為許多小金額，就會使客戶比較容易購買。

（6）從產品的優勢，例如：品質、功能、聲譽、服務等方面，引導客戶正確看待價格差異，指明客戶購買產品以後得到的利益大於支付的貨款，客戶就不會再斤斤計較。

（7）把高級產品與劣質產品放在一起比較，藉以強調所推銷產品的優點，並且教導客戶辨別產品真偽，經過比較之後，客戶針對價格而提出的異議就會消失。

在推銷活動中，無論客戶提出什麼價格異議，推銷員都要認真加以分析，探尋隱藏在客戶心裡的真正動機。只有瞭解客戶討價背後的真正動機，推銷員才可以說服客戶，實現交易。

最糟糕的話，就是「我忘記了」

最糟糕的話，就是「我忘記了」。它們屬於「抑制性」的字眼，會減少我們推銷自己的想法和理念的機會。

推銷員如果在推銷的時候，忘記一位重要客戶的利益，就會失去那筆生意。

有時候，「忘記」這個詞語，會讓我們付出許多代價。如果可以管理記憶，就可以避免這種情況發生。

記住別人的姓名，可以幫助自己敞開大門，讓別人立刻親近自己。如果忘記別人的姓名，就會不得其門而入。

有些人擁有絕佳的記憶力，並且會運用這種能力而獲得成功——特別是在記住名字這個方面，姓和名都要記住。

羅伯・藍得是通用汽車公司雪佛蘭部門的總經理，在每次經銷商會議中，他都會站在門口，叫出每位經銷商的名字，向他們打招呼。他可以記住所有的名字，實在很不簡單，因為雪佛蘭汽車在美國有超過六千個經銷商。

任何成就都是每天練習的結果

任何成就都是每天練習的結果。只是很多人一開始下很大決心去練習，但沒過多長時間就放棄了。

希臘著名演講家德謨克利特一出生就有口吃的毛病，但是他發誓一定要成為頂級演說家。他下定決心訓練自己，每天跑到海邊，把波濤洶湧的海水當作聽眾，對著大海大聲地演說。他還將石子塞在自己嘴裡，迫使自己矯正口吃的毛病。勤奮和刻苦終於使他成為古希臘最著名的演說家。

一位連續三年獲得世界冠軍的高爾夫球選手，每天揮杆數次，從不間斷地重複著一個簡單而又枯燥的擊球動作。別人對此不解，問他為什麼已經連續三年獲得世界冠軍，還要練習這種新運動員每日必練的動作？這位世界冠軍認真地回答：「要知道，最輝煌的成績往往都是靠最簡單、最基本的動作獲得的。我可以連續三年獲得冠軍，當然會做這個動作，現在我之所以還在做，是因為我要訓練基本技術的熟練程度。只有練到每個動作都不用想的程度，比賽時才可以只盯著球洞就行了。」

喬・吉拉德曾經為了增強自己的親和力，每天不分晝夜地在鏡子面前練習微笑。有時他在路上邊走邊笑，竟被鄰居當作神經病。喬・吉拉德在每次拜訪客戶之前，總會和夫人演練，夫人模仿客戶，把一些刁鑽的問題拋給喬・吉拉德，喬・吉拉德要在最短的時間內給予夫人最滿意的回答。

出類拔萃和頂尖不是從來就有的，它來自不斷地練習，練習，再練習。頂尖推銷員都懂得每天練習的重要性，因為他們知道：只有在不斷的自我操練中，才可以更準確地把握客戶真正的購買點。

以下這些基本動作都是頂級推銷員們從不間斷的基本動作，你要堅持每天練習：

（1）初次見面的自我介紹。

（2）產品知識介紹。

（3）回答客戶異議之術。

（4）電話行銷之術。

（5）不斷拜訪新的客戶。

（6）練習微笑給人如沐春風的感覺。
（7）培養自我暗示、靜心思考的習慣。

對客戶的瞭解，就像對十多年的老友那樣

世界最頂尖的推銷員，在做任何事情之前，都要做非常充分的準備，因為他們都知道：成功總是降臨在那些有準備的人身上。

與客戶見面之前，必須把對方的情況瞭解得一清二楚，否則不與他見面，這是喬・吉拉德推銷的原則之一。與客戶見面之前，他會根據所有可以收集到的詳細資料，描繪出客戶的形象，同時想像站在客戶面前與客戶談話的情景，如此演練數次之後，他才會去拜訪客戶。

喬・吉拉德說：「對客戶的瞭解，起碼要達到十多年的老友那樣。」

一個頂級的推銷員在推銷前的準備是非常徹底的，包括事前資料的收集、類比演練、角色扮演，一切都要熟練，他們有備而戰，該帶的輔助用具，如電腦、梳子、名片、筆、記事本、手帕、打火機、價目表、契約書、訂貨單、目錄、樣品……都會一一帶齊。

做大量的事前準備是推銷員輕鬆簽約的第一步。

假如你有九小時去砍一棵樹，你就要花六小時磨斧頭。

拜訪客戶前，推銷員要對自己的儀容、儀表，如頭髮、皮鞋、穿著、精神面貌一一檢查，看是否合乎標準。

除了對本公司的產品、服務有瞭解以外，推銷員對競爭者也應該相當瞭解，對一般法律知識、票據知識、同行業知識及一般常識都要有所掌握。

喬・吉拉德提醒推銷員在初次拜訪客戶前要檢查以下準備：

（1）使用能吸引客戶的名片。

（2）列出客戶能立刻獲得的好處。

（3）準備好請教客戶意見的問題。

（4）可以解決客戶尚待解決的問題。

（5）告訴客戶重要的訊息。

（6）一定要複習產品的優點，熟悉公司產品的特色與功能。

（7）瞭解競爭對手產品的缺點及不足之處。

（8）一定要掌握客戶的需求及詳細情況。

推銷無小事，事事關成交

成功的推銷員都知道如何從細微之處打動顧客，著名的汽車推銷大王喬・吉拉德自然也不例外。

喬・吉拉德和顧客在一起的時候從不接電話，而且禁止總機把任何電話轉進辦公室。就像律師在法庭上從不接電話，醫生在做手術時也無暇接電話一樣，喬・吉拉德認為自己跟他們一樣重要，因此他也不接電話。喬・吉拉德有一個觀點，那就是如果推銷員在和顧客的談話時，因為接電話而中斷談話，顧客的購物熱情就會一落千丈！

環視喬・吉拉德的辦公室，牆上見不著一幅汽車宣傳畫。原因何在？「有多少次你在汽車推銷員辦公室的牆上看到花花綠綠的汽車招貼畫？」喬・吉拉德這樣回答：「那只會讓顧客困惑。他會提出一些問題，如『那輛車多少錢？』或『嗯，也許我該看看那個型號。』我的牆上只有我獲得過的獎章。這些獎章會讓顧客知道與他打交道的是一個人物。」

一名顧客走進喬・吉拉德的辦公室，喬・吉拉德所做的第一件事情就是送給顧客一枚圓形的紀念章，上面印著一個蘋果並寫有「我喜歡你」的字樣。喬・吉拉德也給他們的妻子和小孩一人贈送一個。然後，孩子們還得到一種心形的氣球，上面寫著「喬・吉拉德會讓你滿意而歸」。

喬・吉拉德這樣解釋自己的做法：

「你知道，大家都喜歡對自己孩子友善的人。我跪下來對孩子們說：『嘿！你叫什麼名字？啊，吉米，你好。呀，這小孩真乖。』接著，我仍然跪在地上，與小吉米爬到我的櫃子那裡，他的父母一直在瞧著這一幕！『吉米，我這裡有好東西給你。瞧瞧是什麼好東西！』我把手伸進櫃子抓出一把棒棒糖，告訴孩子：『現在，吉米，你拿一個棒棒糖，剩下的媽媽拿著。這是氣球，氣球爸爸拿著。好，我跟爸爸、媽媽談話時你要乖乖的，別鬧。』這段時間我都是跪在地上的。這些都是人情，也是推銷的一部分。現在這位顧客怎能拒絕一位和他的孩子趴在地上玩的人？」

「推銷無小事，事事關成交」，喬・吉拉德這樣說。

噪音暗含的意思和指向

客戶無來由的拒絕、情緒化的怨氣、無理的指責，就是推銷中的噪音。

「你們產品的品質怎麼這麼差？」

「上次維修你們怎麼搞的？」

「我們不要！」

「我們一直用A品牌，挺好的！」

「今年的預算已經用完了，明年再說吧！」

拒絕和挑剔無處不在。相當多的推銷新手，就是因為無法忍受這些噪音，最終放棄美好的推銷生涯。

客戶是人，人是感性基礎上的理性動物。所以，客戶的噪音很少來自於理性的思考，更多是基於感性上的條件反射，是客戶當時心態、情緒和彼此親疏遠近關係的表現。這就決定我們不能以完全感性的態度和方式來對待它，而是要理性地分析和思考，發現其感性的根源，然後予以解決。

在分析噪音時，要明白噪音本身沒有任何意義，有意義的是它暗含的意思和指向。

「你們產品的品質怎麼這樣差呀」——其實故障在合理範圍內，只是心存不滿；

「上次你們的維修是怎麼搞的」——我因此受到批評，你們這麼做讓我很為難……

從噪音中抓住客戶的潛台詞是困難但很重要的一步。

此外，噪音的存在說明雙方的溝通開始不久或是溝通不足，解決溝通的問題就是滅除噪音之道。

我們需要從心理上消除噪音對自己的不良影響，從積極的方向去理解它，而後才可以理性地解決這個非理性的問題。簡而言之，就是要以平和之心消除對方的浮怨之氣，達到互感真誠的境界。

第一，從心裡忽略這些激烈言行。盡量保持內心的平靜，避免刺激對方，從心理上為化解不愉快的局面做好準備。

第二，表現出傾聽的姿態。以傳達端正的態度和誠懇解決問題的願望，讓客戶感覺被重視和受尊重。仔細聽其言，觀其行，從紛繁的噪音中收集解決問題所需要的資訊。

第三，換位思考。一方面發現客戶不滿的深層原因和言外之意，進而達到心領神會的效果；另一方面理解客戶的難處，從表面的消極言行中挖掘出積極的善意，體會客戶的善良本意。

第四，說出自己的真實感受。明白無誤地指出對方的善良本意，客戶會因為你的理解而平息大部分怨氣。而後你就可以得到充足的時間和機會陳述你的合理原因和解釋。

透過以上步驟，一個滅噪過程就基本完成了。

設計一些新穎的推銷語言和行動

卡尼是美國攝影界非常知名的商業攝影師。給別人拍照片時，他從來都不對被拍攝的人說「笑一笑」。卡尼覺得，不用「笑一笑」而使對方笑出來，會讓自己的工作更富於創造性。在他的攝影作品中，人物多數面帶笑容。卡尼的方法是有效的。他避免使用陳舊的、缺乏想像力和不真誠的語言——是否使用這些語言，正是攝影師和攝影愛好者之間的區別。

想要做成生意，你必須使用更高超的語言技巧，以免使顧客覺得你像一個不誠實的推銷員。如果顧客覺得你像一個不誠實的推銷員，多半是因為你就是這樣的人。

以下是你需要牢記的幾個絕對不能運用的推銷語言：

「實話跟你說」——聽起來就像不老實。所有的推銷課程都會建議你把這句話從你的詞典中刪掉。

「跟你說句最實在的吧」——比「實話對你說」更加糟糕。客戶聽到這句話總會對說話的人疑心大增。

「老實說」——後面跟著的幾乎永遠是謊言。

「我說的就是這個意思」——不，你不是。這可能是最不老實的一句話。

「你今天能下訂單嗎？」——饒了我吧！這是一個愚蠢的、令人生氣和厭惡的句子。

「你今天好嗎？」——人們在電話裡聽到這句話時，腦子裡立刻會冒出來：「這個蠢貨又想向我推銷什麼？」

「我可以為你做什麼？」——這是世界上零售推銷員的口頭禪。你應該想想：這句話在零售業盛行一百多年之後，有沒有什麼更新穎一點、更能從顧客角度出發的說法。

「你懂了嗎？」——為顧客說明產品的功能和品質時，可能到最後都要加上這句話，你覺得這是對顧客負責，但是你沒有意識到，顧客聽到這句話的時候，會覺得你在把他當作傻子。

你面臨的挑戰是如何重新設計你自己，以達到幫助和滿足顧客的目的。你新穎的話語和行動經常決定你是得到首肯還是拒絕，也決定那張訂單是歸你還是落入你對手的腰包。做一些事情，以避免這種情況發生吧！

如果你不得不以說話的方式告訴別人自己是怎樣的，你多半就是那樣的。想一想，「我誠實」與「我人品好」，甚至於「我是老闆」「我是負責的」，這些話往往說明事實正好相反。

客戶只在意產品給其帶來的效益

沒有人會為了錶芯結構的細微、精密而買表，人們並不在乎手錶的內部構造，而只關心準確的時間。

客戶不在意產品的專業知識，只在意產品給他們帶來的效益。

大多數的推銷員都認為自己是在推銷一件商品或一項服務。實物雖然最能說明價值，可高明的推銷員推銷的通常都是一種觀念或一種感覺。以保險為例，人們所買的並不只是一紙保單，他們要買的是心靈的平安、財產上的安全感和有保障的收入。這些都是客戶的觀念，而保險只是一個工具。

不要銷售鑽孔機，要推銷它們所鑽出來的弧度完美、平整的鑽孔；不要銷售汽車，要推銷名氣與地位或是駕駛的平穩感覺；不要銷售保險，要推銷安全，免於悲劇發生、財務安定的家庭；不要銷售眼鏡，要推銷更清晰的視野和造型的優美；不要推銷吸塵器，要推銷舒適、整潔；不要推銷鍋具，要推銷簡單操作的家務和食物的營養。

喬・吉拉德給推銷員的建議是：在客戶的眼裡，他所能瞭解的就是產品本身的好處，推銷員要推銷的也正是產品帶來的好處。

有一次，一家超級市場打破《金氏世界紀錄》，因為它一年的營業額竟然可以超過一億美金。只是一家超級市場，一年為何會有一億美金的營收？

老闆說：「我們不是在賣食物，我們賣的是快樂，我們公司唯一的宗旨就是：讓顧客快樂。所以，我們在超市裡擺了很多迪士尼遊樂器材，放了非常好聽的音樂，所有的布置是為了讓顧客進來後，感到非常快樂。我們賣的產品是快樂，而不是食物。」

你要不斷地思考，你到底賣的是什麼。

如果你可以瞭解這一點，你的業績必會有大幅度的成長；如果你還是無法瞭解這一點，你就會每天碰壁而業績糟糕。

推銷你喜歡的東西，喜歡你推銷的東西

你這一輩子最大的客戶是誰，你知道嗎？是你自己。

假如你無法銷售你的產品給自己，就別想把它銷售給任何人。

你要百分之一百地相信你的產品可以帶給顧客好處，你要相信購買絕對是他的幸運，不買絕對是他的損失。

假如你不相信自己的產品，你就根本無法熱情地去銷售，你就沒有辦法做到最好，當然沒辦法賺錢。連你自己都不相信的產品，別人能購買嗎？

推銷員推銷的第一步就是要選擇自己喜歡、又感興趣的產品來推銷。一種產品，推銷員若是不喜歡，他就不會花時間、下力氣去瞭解、研究產品的性能。在這種情況下，推銷員即使說得天花亂墜，也會漏洞百出。一旦被客戶看出破綻，客戶就會有一種受欺騙的感覺，對產品的興趣全無，也就談不上購買。由此可見，推銷員一定要選自己感興趣的產品來進行推銷，因為

只有對產品有興趣、瞭解、研究，並相信它的價值，推銷員才會建立對產品的自信，才會贏得用戶的信任。

相信你的產品是銷售的第一步。只有百分之百地熟悉和瞭解你所銷售的產品，只有完全地瞭解其功能與作用，你才可以明白它會給客戶帶來什麼利益和好處，然後滿懷信心地向他們推銷你的產品。

「我可以銷售任何東西給任何人，在任何時間」。當你保持這種信念，並付出大量的行動時，你一定會取得很好的結果。

推銷你喜歡的東西，喜歡你推銷的東西。當你喜歡某種事物時，你會對此有信心，當你向人們談論你所喜歡的事物時，他們會聽你講，會感覺到你的熱情和真誠，會更加相信你。當人們信任你時，他們自然就會與你做生意。

始終相信你就是最好的，沒有人可與你媲美：談到你推銷的東西時，煥發出光芒，點燃起火焰。同時，不要揭競爭對手的短，理解你的競爭對手也是很能幹的，但沒有像你那麼能幹；理解他們的產品也是不錯的，但絕對沒有你提供的產品那麼棒。

抓住你產品的特性，渲染它們，不斷提到它們。誠實地、真心地相信這些特性，在面談中讚美它們，直到它你成為你推銷中的核心要點為止。

推銷之前，你最好已經是產品的客戶之一

相信你的產品，在向別人推銷產品之前，你必須百分之百地先把自己說服。否則，你就無法去打動別人。不管你偽裝得如何巧妙，人們遲早會把你看穿。

推銷員相信自己的產品很有價值，並且向客戶提供這些產品的時候，說服力就會展現。世界上頂級的推銷員都是在盡力向他們的客戶提供好處，而不是急於拿到大筆佣金。要是讓金錢成為你主要的驅動力時，那你就很少能成功。客戶可以從推銷員的眼睛裡讀懂金錢的欲望，這種欲望在某些人的臉上或多或少地表現出來，但是你必須優先考慮客戶的利益，把自己的利益排在其次。

把賺錢的念頭拋在腦後吧！你留心守候，找到滿意的客戶時，大筆的佣金自然而然就會落入你的口袋。

你如果推銷的是富康汽車，你一定要相信它物超所值，可能富康汽車比不上本田、奧迪，

但是你要盡力讓客戶的每一分錢都花得值。若不能相信這一點，你根本就無法推銷富康汽車。

此外，不管你推銷什麼產品，你都應該先購買一個。曾經有一位壽險推銷員想賣給喬•吉拉德五十萬美元的保險單。喬•吉拉德就問他買多少。「嗯，我投了兩萬五千美元的保，喬。」他壓低嗓音回答。自那以後，不管他說些什麼，喬•吉拉德再也不會相信他。幾個星期之後，喬•吉拉德對另一位壽險推銷員提出同樣的問題，他充滿自信地告訴喬•吉拉德，他買了一百萬美元的保險。因為他的話很有說服力，喬•吉拉德決定從他手上買下一份大額保險。

想像一下，當你走進一家高級男士服裝店的時候，接待你的營業員卻穿著一身極差的便宜貨；或是發現化妝品櫃檯後面的女人根本就未施粉黛；或是遇上一家健美中心的推銷員要你購買終身會員證，而他自己卻體態臃腫。面對這些情況，你會相信他推銷的東西嗎？

不要說競爭對手的壞話

永遠要瞭解競爭對手為什麼成功，以及他曾經犯過哪些錯誤。要成功必須要做成功者所做的事情，同時也必須瞭解失敗者做了哪些事情，並且讓自己不要再犯類似的錯誤。

推銷員在與競爭的產品作比較時，務必要誠實，不要批評自己的競爭對手，因為批評自己的對手可能導致顧客對自己的反感，例如：顧客正在使用競爭對手的產品，而且又非常喜歡。你對競爭產品的攻擊就很可能會導致顧客的不滿。因此，最好的方法是突顯自己公司產品的優點以及顧客將會得到什麼好處，這是最有說服力的。當你在推銷過程中，遇到競爭對手時，要做到以下幾點：

（1）不要說他們任何壞話，即使客戶說他們的壞話，也不可以附和。

（2）稱讚他們是卓越的競爭對手。

（3）表示敬意。

（4）強調自己的優點而非他們的缺點。

（5）展示自己與他們的不同之處，展示自己的優點如何強過他們。

（6）展示一封中途決定向自己購買的客戶給自己的感謝信。

（7）自始至終，保持自己的道德操守與事業目標——即使這樣表示咬緊牙關，就算流血也要三緘其口。

不要批評自己的競爭對手，而是要讚美他們。競爭對手是你學習的對象，因為是他們的競爭使你成長更快。記住喬・吉拉德的告誡：永遠比你的競爭對手更努力，你就一定會成功。

把所有發動機全部啟動

喬・吉拉德認為，所有人都應該相信：喬・吉拉德能做到的，我們也可以做到，喬・吉拉德並不比我們好多少。

他之所以做到了，是由於他投入專注與熱情。他說，放棄建築生意，就因為太多選擇、太多人，會分散精力，而這正是失敗的原因。

世界上大多數人最擔心的重大事情是：怎麼使自己事業成功？喬・吉拉德認為，應該投入聰明、有智慧的工作。

有人說對工作要百分之百地付出。他卻不以為然地說：「這是誰都可以做到的。但要成功，就應該付出一四〇%，這才是成功的保證。」他說他對自己的付出從來沒有滿意過。

每天入睡前，他要計算今天的收穫，冥想，集中精力反思。今天晚上就要把明天徹底規劃好。離開家門時，如果不知道去哪裡，喬・吉拉德是不會出門的。

他說，你認為自己行就一定行，每天要不斷地向自己重複。要勇於嘗試，之後你就會發現你可以做到的連自己都感到驚異。

要燃起熊熊的信念之火，喬・吉拉德認為，兩個單詞非常重要：一個是「我想」，另一個是「我能」。

悲劇在於，全世界九五%的人並不知道他們要什麼。但是，沒有強烈的欲望，就不能成為好的推銷員。喬・吉拉德說這一點在他身上很管用。知道自己需要什麼，最好把所要的拍張照片掛起來以增強這種欲望。做推銷員時，他把全公司最好的推銷員的照片掛在牆上，告訴自己要打敗他。他成功了。

「沒有人能左右你的生活，只有你自己能控制。失去自己就是失去一切，連朋友也不會理睬你。」

一定要與成功者為伍，以第一為自己的目標。喬・吉拉德以此為原則為人處世，他的衣服上通常會佩戴一個金色的「一」。有人問他：「因為你是世界上最偉大的推銷員嗎？」他給出的答案是否定的。他說：「我是我生命中最偉大的！沒有人跟我一樣。」

如果看到一個優秀的人，就要挖掘他的優秀品格，根植到你自己身上。

一位醫生告訴喬・吉拉德，每個人體內有一萬個發動機。喬・吉拉德家最外面的門上有一句話：把所有發動機全部啟動。

他每天這樣離開家門：觀察身上所有細節，看看自己是否會買自己的帳。一切準備好，手握在門把手上，打開門，像豹子一樣衝出去。喬・吉拉德對自己說：

「我感覺好極了！我正處於巔峰狀態！我是第一名！」

賣汽車，人品重於商品

喬・吉拉德認為，賣汽車，人品重於商品。

一個成功的汽車銷售商肯定有一顆尊重普通人的愛心，他的愛心表現在每個細小的行為中。

有一天，一位中年婦女從對面的福特汽車銷售商行走進喬・吉拉德的汽車展銷室。她說自己很想買一輛白色的福特車，就像她表姐開的那輛，但是福特車行的經銷商讓她過一個小時之後再去，所以先來這裡瞧一瞧。「夫人，歡迎你來看我的車。」喬・吉拉德微笑著說。

婦女興奮地告訴他：「今天是我五十五歲的生日，想買一輛白色的福特車送給自己作為生日禮物。」

「夫人，祝你生日快樂！」喬・吉拉德熱情地祝賀道。隨後，他輕聲地向身邊的助手交代幾句。

喬・吉拉德領著這位婦人從一輛輛新車面前走過，一邊看一邊介紹。來到一輛雪佛蘭車前的時候，他說：「夫人，你對白色情有獨鍾，瞧這輛雙門式轎車，也是白色的。」

就在這個時候，助手走進來，把一束玫瑰花交給喬・吉拉德。他把這束漂亮的花送給夫人，再次對她的生日表示祝賀。

這位婦女感動得熱淚盈眶，非常激動地說：「先生，太感謝你了，已經很久沒有人給我送過禮物。剛才那位福特車的推銷商看到我開著一輛舊車，一定以為我買不起新車，所以在我提出要看一看車時，他就推辭說需要出去收一筆錢，我只好到你這裡來等他。現在想一想，也不一定非要買福特車不可。」

後來，這位婦女就在喬・吉拉德那裡買一輛白色的雪佛蘭轎車。

正是這種許多細小的行為，為喬・吉拉德創造空前的效益，使他的行銷取得輝煌的成功。

假如你不雇用我，你將犯下一生最大的錯誤

一九六二年，喬・吉拉德一直都在尋找工作，但沒有成功。在一九六三年一月的第一個星期，事情已糟得不能再糟了。妻子向他哭訴家裡已經沒有食物，所以孩子們都出去乞食。就在那一天，他請求一位雪佛蘭汽車銷售經理哈雷雇傭他成為推銷員，哈雷先生起初很不願意。

「你以前推銷過車子嗎？」經理問道。

「沒有。」

「為什麼你覺得你可以勝任？」

「我推銷過其他的東西——報紙、鞋油、房屋、食品，真正重要的是，我推銷自己，哈雷先生。」

此時的喬・吉拉德已經建立足夠的信心。

哈雷先生笑了笑，對吉拉德說：「現在正是嚴冬，是銷售的淡季，如果我雇用你，我會受

到其他推銷員的責難，再說也沒有足夠的暖氣房間用，你說我該怎麼辦？」

喬・吉拉德立刻說：「哈雷先生，假如你不雇用我，你將犯下一生最大的錯誤。我不搶其他推銷員的生意，我也不要暖氣房間，我只要一張桌子和一部電話，兩個月內我將打破你的最佳推銷員的紀錄，就這麼定了。」

看到喬・吉拉德如此有信心，哈雷先生終於同意他的請求，在樓上的角落裡，給他一張滿是灰塵的桌子和一部電話。

喬・吉拉德就這樣開始他的汽車推銷生涯。那個晚上，他就賣出他的第一輛車，並從經理那裡借十美元買一袋食物回家。銷售汽車的第二個月，他就賣出十八輛汽車和卡車，以至於不久汽車店的老闆就解雇他，因為其他銷售員抱怨他野心太大，這給他們帶來的壓力太大了。

在喬・吉拉德的名片上，寫著這樣一段話：假如你的一生中，買過我的汽車一次，我就會讓你一輩子無法忘記我。

——這是一段充滿自信的誓言，永遠屬於那些「世界上最偉大的推銷員」。

將自己的產品賣給一個需要它的客戶

無論自己的產品有多麼好，如果它對客戶沒有用，推銷仍然是失敗的。

美國布魯金斯學會設立一個天才推銷獎項，想要獲得這個獎項，就要把一個舊式的砍木頭的斧頭推銷給現任的美國總統。這是一件非常困難的事情，柯林頓總統沒有這樣的興趣。但是在布希總統上任的時候，一位學生經過策劃，向他發出一封信，信中這樣寫道：「尊敬的布希總統，祝賀你成為美國的新一任總統。我非常熱愛你，也熱愛你的家鄉。我曾經到過你的家鄉，參觀過你的莊園，那裡美麗的風景給我留下難忘的印象。但是我發現莊園裡的一些樹上有很多粗大的枯樹枝，我建議你把這些枯樹枝砍掉，不要讓它們影響莊園裡美麗的風景。現在市場上賣的那些斧頭都是輕便型的，不太適合你，我有一把比較大的斧頭，非常適合你，我只收你十五美金，希望它可以幫助你。」

布希看到這封信以後，立刻讓秘書給這位學生寄去十五美金。於是，一次幾乎不可能的推銷實現了，這個空置許多年的天才推銷獎項終於有得主。

為什麼可以推銷成功？可能每個人的答案都不同。最正確的答案是什麼？好處！假如這個天才推銷獎的得主不是觀察到布希莊園裡需要斧頭，可以確定的是交易失敗。

想要成為一名優秀的推銷員，你需要做的是從顧客的利益出發考慮——產品對於顧客而言是否有用，是否有什麼好處。當你想清楚這一點，推銷就不再是難事。

記住客戶的名字，甚至他們親人的姓名

喬・吉拉德說，你必須在與客戶溝通的前五分鐘，說出他的名字五次。假如你可以這樣做，對方的信任感會大大增加。當你喊出他的名字時，他也會覺得他自己非常棒。

這是什麼原因？一個人最感覺親切的，就是他自己的名字。當別人叫出自己名字的時候，不管他是誰，自己都會有一種特殊的感覺，感覺自己很重要，尤其是那些認識不夠深的朋友，如果你可以記住他的名字，他會感到自己很受重視。

當然，作為一個頂尖推銷員，只記住對方的名字還不夠，最好將客戶親人的姓名也牢記下來。在偶爾見面時，可以問到「你女兒怎麼樣？」「你兒子讀書怎麼樣？」打招呼時，你若能喊出對方親人的名字，多談客戶親人的狀況，你就可以獲得客戶的好感。

稱呼見過面的人名字的魔力在於：可以讓你毫不費力就獲得別人的好感。推銷員面對客戶的時候，若能經常準確不斷地以尊重的方式稱呼客戶的名字，客戶對你的好感也將越來越多。

美國前總統柯林頓還在念大學時，就習慣把見過的人都一一記下來。他把這些人的名字寫在資料卡上，不時打電話或寫信給他們。他與這些人談話的內容、他們的回信，他都詳細地記錄、保存好。後來在他競選阿肯色州州長時，他已擁有超過一萬張的資料卡檔案，這些人後來統稱為「比爾的朋友」。正是這些朋友，幫助柯林頓一步步走向事業的巔峰。

專業的推銷員會密切注意客戶的名字有沒有被報章雜誌報導。若是你可以帶著有報導客戶名字的剪報一同拜訪你的客戶，客戶能不被感動嗎？能不對你心懷好感嗎？

所以，如果你企望推銷自己，你企望給客戶以好感，就請記住客戶的名字。如果你一見面就可以像朋友似的稱呼客戶的名字，對方就不會純粹把你當作一個推銷員來接待，而會把你當作老朋友來招待，這對推銷再好不過。

如果你想獲得對方的好感，如果你想邁向成功的巔峰，請記住你交往的每個人的名字。這是喬・吉拉德的親身體驗。

找出客戶心中的櫻桃樹

有一位房產銷售員帶著一對夫妻去看一幢房子。當這對夫婦進入這間房子的院子時，他們發現房子的後院有一棵非常漂亮的櫻桃樹。用心的業務員注意到妻子非常興奮地對她的丈夫說：「你看，院裡的那棵櫻桃樹真漂亮！」

當他們走進客廳時，他們顯然對客廳陳舊的地板有些不太滿意。這個時候，業務員就對他們說：「是啊，這間客廳的地板沒有很新，但是你們知道嗎？這棟房子最大的優點就是，當你們從這間客廳向窗外望去，可以看到那棵漂亮的櫻桃樹！」

他們走進廚房，妻子又抱怨廚房的設備過於陳舊，業務員接著又說：「是啊，但是當你在這裡做晚餐的時候，你可以在這裡看到那棵非常美麗的櫻桃樹！」

無論這對夫婦指出這棟房子哪有缺點，這個業務員都一直重複地說：「是啊，這棟房子是算不上很完美，但是你們知道嗎？這房子有一個優點是其他房子所沒有的，那就是無論你從哪個房間裡向外望，都可以看到那棵特別美麗的櫻桃樹！」

當然，最後的結果是，這對夫婦花五十萬元買下那棵「櫻桃樹」。

在銷售過程中，推銷員所銷售的每種產品以及所遇到的每個客戶，都有一棵「櫻桃樹」。推銷員最重要的工作就是，在最短的時間內，找出「櫻桃樹」在哪裡，然後將客戶注意力完全吸引在這棵「櫻桃樹」上。

「客戶最關心的利益點在哪裡？」是每位推銷員關心的重點。找出客戶關心的利益點，你的推銷工作就像擁有一定航線的船隻，可以堅定而有動力地前行。

想想看，A、B兩家銀行的利率水準是一樣的。你為什麼把錢存在A銀行而不存在B銀行？為什麼你喜歡到某家飯店吃飯，而這家飯店又不一定是最便宜、最衛生的？有些東西也許你事先也沒想到要購買，但是一旦你決定購買時，總是有一些理由支持你去做這件事情。

每當你接觸一個新的客戶時，你應該盡快地找出在那些最重要的購買誘因當中，這位客戶最關心的利益點是什麼。

依據二八法則，我們的產品所具有的優點有可能是十項，真正可以打動客戶的可能只有其中的一項或幾項。所以我們必須花費八〇%以上的時間詳細地解說這項或幾項優點，讓客戶完全地接受或相信。

每個客戶在購買產品時，都有一個最重要的購買誘因，同時也有一個最重要的抗拒點。只要可以找出這兩點，你的成交率就會大幅度地提升。

頂尖的業務員最主要的工作就是，找出客戶購買此種產品的主要誘因，以及客戶不購買這種產品最主要的抗拒點。

普通推銷員和頂尖推銷員的差別

有人拿推銷員和醫生作過比較。為什麼人們生病會很自然地去找醫生，人們有某種需求卻不會主動去找推銷員？

很多推銷員在見到客戶的時候，還沒等客戶提出任何問題，就已經開始滔滔不絕地向客戶解釋他的產品如何好、有何功用以及產品的生產背景、價錢如何。

推銷的第二步驟是聽取客戶的反應和意見，例如：他們已經購買了，或是覺得價錢太高。此時，推銷員又經常會迫不及待地說自己推銷的產品性能如何與眾不同、如何更先進，弄得客戶有一種被黏上了，脫不開身的感覺。

推銷的第三步驟是補充他所推銷產品的實用性，價錢也比其他同類產品便宜。

總之，推銷員就是希望他的客戶多少買一些他的產品。

這種給人壓力、令人不舒服的推銷方式，正是許多推銷員的工作程序。

醫生又是怎樣面對病人？

第一步驟，病人來到門診部，坐在醫生面前，醫生會問該病人覺得哪裡不舒服，病人便向醫生逐一道出什麼地方不舒服。這個時候，病人會主動說得很認真、仔細，把他的感覺都告訴醫生。

第二步驟，醫生會用諸如聽診器、壓舌片、溫度計、血壓測量儀等醫療器具為病人做檢查，或是請病人躺在床上做檢查，如需要，還會請病人去驗尿、驗血、驗肝功能，以便判斷病人究竟得了什麼病。這個時候，病人都會十分聽話地照醫生的吩咐去做，一般不會提出異議，因為病人希望醫生能準確地判斷出病情，趕快把他的病治好。

第三步驟，醫生給病人開藥方，病人就會依方取藥，而且還會遵醫囑按時服藥。

這就是醫生的工作程序。

你看出來了嗎？醫生和推銷員的區別究竟在哪裡？

醫生的第一個程序是聆聽，聆聽病人講解問題之所在；推銷員則往往忽略聆聽這個環節，一見到客戶就開始向他們推銷自己的產品。

醫生的第二個程序是檢查、判斷、分析病人的病症；推銷員在第二個程序才開始聆聽客戶的反映。這就少了分析、判斷這個重要環節，很容易給人一廂情願、強力推銷的感覺。

醫生的第三個步驟是開藥。確定病人是什麼病後，便對症下藥。病人自然很配合，因為他希望醫生能解決他的問題、治好他的病；推銷員的第三個程序卻是再次介紹他所推銷的產品的好處，然後再做推銷。

因此，想要成為一個專業的推銷員，你首先要告訴自己：「我是一個專業的推銷員，應該具備一位醫生的態度。」

如果你有醫生的心態並且運用醫生的工作程序，就可以成為一個超級推銷員。

普通推銷員只會賣給客戶藥，頂尖推銷員卻能為客戶診好疾病。

推銷需要誠實，卻非絕對誠實

誠實，是推銷的最佳策略，而且是唯一策略，但絕對的誠實卻是愚蠢的。推銷容許謊言，這就是推銷中的「善意謊言」原則，喬・吉拉德對此認識深刻。

喬・吉拉德說：「誠實只是你在工作中用來追求最大利益的工具。因此，誠實有一個度的問題。」

他還說：「推銷過程中有時需要說實話，一是一，二是二。說實話往往對推銷員有好處，尤其是推銷員所說的，顧客事後可以查證的事情。」

他舉例說：「任何一個頭腦清醒的人都不會在賣給顧客一輛六汽缸的車時，告訴對方他買的車有八個汽缸。顧客只要一掀開車蓋，數數配電線，你就死定了。」

如果顧客和他的妻子、兒子一起來看車，喬・吉拉德會對顧客說：「你這個小孩真是可愛。」這個小孩也可能是有史以來最難看的小孩，但是如果想要賺到錢，就絕對可以這麼說。

喬・吉拉德善於把握誠實與奉承的關係。儘管顧客知道喬・吉拉德所說的不全是真話，但他們還是喜歡聽人拍馬屁。少許幾句讚美，可以使氣氛變得更愉快，沒有敵意，推銷也就更容易成交。

有時候，喬・吉拉德甚至還撒一點小謊。

喬・吉拉德見過有些推銷員因為告訴顧客實話，不肯撒個小謊，平白失去生意。顧客問推銷員他的舊車可以折合多少錢，有些推銷員粗魯地說：「這種破車。」喬・吉拉德絕不會這樣，他會撒個小謊，告訴顧客，一輛車能開上十二萬公里，他的駕駛技術確實高人一等。

這些話使顧客開心，可以贏得顧客的好感。

展示說明的時間，不宜超過推銷拜訪時間的一半

大多數推銷員總是喜歡自己說個不停，希望自己主導談話過程，而且還希望客戶可以舒服地坐在那裡，被動地聆聽，以瞭解自己的觀點。但是，對於推銷員來說，最重要的是，要盡可能有針對性地提問。**有針對性地提問，才是推銷成功的最大訣竅。**

推銷員可以說：「先生，在來這裡之前，我已經拜讀貴公司的年度報告，這實在使我印象深刻。貴公司的推銷收入增加的速度相當快——在過去的五年裡，每年的平均增長速度高達四四％。依你之見，在未來的五年裡，每年仍然可以保持這麼高的平均增長速度嗎？」

推銷員提出這一類問題，客戶至少需要花幾分鐘時間來加以說明，而推銷員則可從中獲得很多有利於推銷的資訊，客戶也會因為被問到如此重要的問題而感到高興。

推銷員在推銷過程中的每個階段，都應該有針對性地提問。無論哪種形式的推銷，為了實現其最終目標，在推銷伊始，推銷員都需要進行試探性的提問，以便使客戶有積極參與推銷或

購買過程的機會。

推銷員提出一些與客戶相關的問題以後，就可以靠著椅背坐著，專心聆聽，一點也用不著擔心接下去該說什麼。但是，如果客戶一直說個不停，推銷員可能也得想個辦法來改變這個局面。不幸的是，許多推銷員認為，在初次與客戶見面的前十分鐘，自己一定要說個不停，才可以使客戶進入狀態。

提出適當的問題是一種有助於推銷員建立及保持與客戶良好的人際關係的最佳方法。當客戶初次見到推銷員時，一般都希望先瞭解推銷員的想法與意見，或是聽一些關於推銷員所在公司及其產品的詳細情況。

為了使推銷獲得成功，推銷員首先要為自己立一條規矩：除非推銷展示會，否則展示說明的時間絕不能超過推銷拜訪的一半。

推銷展示的目的是為了使客戶直接參與產品推銷過程。所以，推銷員需要讓客戶說話，需要客戶與自己合作，需要積極鼓勵客戶卓有成效地參與雙方的對話，進而使自己與客戶獲得雙贏。

關懷、尊敬你的客戶

從長遠來看，顧客與推銷員之間的合作關係正是透過推銷員每天所做的微不足道的點滴小事建立起來的。人們在成交之後總是希望對方不要忘了自己。你要與顧客保持經常性的通信聯絡——制定一項寫信計畫，就可以確保他們不會把你淡忘。

喬・吉拉德每個月都要給他所有的顧客寄出一封信。沒有人知道信裡面是什麼內容，因為他用的信封的顏色和大小經常變化。他不會讓這些信看起來像平常大家收到的那些郵寄來的廣告宣傳品一樣，還未拆開就被扔進垃圾袋裡。他會隨信附上一張卡片，卡片的表面一律寫上「我愛你。」在卡片的裡面，他每個月都要換新的內容，例如：一月是「新年快樂！」，二月是「情人節快樂！」，三月是「聖派翠克節快樂！」。如此這般，一直寫到感恩節和聖誕節。

在每個月的一號和十五號，喬・吉拉德從來不發出這封信，因為這兩天正是大多數人需要繳納各種日常費用的日子。他希望所有的顧客收到他的信時都可以有一個好心情。

一位男士下班回家後通常所做的第一件事情，一般是親吻他的妻子，然後會問兩個問題：第一個問題是：「今天孩子們怎麼樣？」；第二個問題是：「今天有我的信件嗎？」。拆開喬・吉拉德信件的那一刻，他的孩子們就會尖叫起來：「爸爸，你又收到一封喬・吉拉德先生寄來的信！」這樣一來，一封來信讓顧客全家人都參與進來，他們就會非常喜歡這些卡片。

喬・吉拉德每年都會以非常愉快的方式，讓自己的名字在客戶家中出現十二次。在他推銷生涯的後期，他每個月平均都要寄出一萬四千張卡片，也就是說每一年光卡片喬・吉拉德就要寄出十六萬八千張。他這樣做，只想告訴他的顧客一句話——喬・吉拉德真的很喜歡他們。喬・吉拉德每年所有交易的六五％均來自那些老主顧的再度合作，這些信件極大地保證他的信譽和人脈。

沒有人會因為自己收到一張節日的祝福卡就會立刻跑去與你成交幾千美元的生意。但是，這些細微的、用心周到的細節行銷長期堅持下去，你的顧客就會被感動，你的生意就會有明顯變化。

每個月給你所有的顧客寄出一封信，最好要手寫，更能表達你對客戶的關懷和尊敬。你越是關懷、尊敬你的客戶，他們越有興趣和你做生意。

維繫一個老客戶付出的代價小得多

維繫一個老客戶比得到一個新客戶付出的代價小得多，可是很多推銷員卻寧願醉心於追逐那種「追到新客戶的興奮」，也不願意在他們已經有的客戶群身上花費更多的時間。

一定要維繫好你現有的客戶，更要擴大和他們的營業額。

要維繫和發展任何關係都要付出相應的努力。你不可能依靠你的產品永遠保持客戶的忠誠度。如果想在競爭中立於不敗之地，就要向客戶提供一些別人不能提供的東西——特色服務。

以下給你一些關於培養顧客忠誠度的建議：

將有私交關係的客戶分出優先次序。把你最忠誠的十個客戶的電話號碼存入你電話的單鍵撥號功能內，以便你在空閒的時候問候一下。

隨時惦記你的客戶。如果你在報紙、雜誌上看到他們非常感興趣的東西，隨時寄給他們。

運用你的客戶管理框架板來跟蹤客戶採購的過程。每隔三個月、六個月或十二個月（或是任何其他週期）寄信給他們，發布最新的產品開發資訊，完成客戶滿意度調查。很多有意見的客戶可能從來沒有向你提過這些意見——但是他們已經決定不再購買你的產品。可是，如果你可以徵求他們的看法，他們就會很高興地告訴你，在這種情況下，他們還會給你解決這些問題的機會。

抽出一些時間，打電話給你的客戶，和他們溝通，「有什麼我們應該做而沒有做好的事情嗎？」或是每隔幾個月給現在的客戶寄去一張關於你的產品或服務的調查回饋表。這種調查表有兩個作用：它給你一個解決某些問題的機會；同時，對於客戶來說，它又可以被當作一個銷售工具。一個來自滿意客戶的調查表會打消一個目標客戶的顧慮，使得目標客戶完全相信你的服務和提供的產品。

建立一個問題解決者的好名聲。問題的出現對你來說不是歹運，相反卻是一個機會。美國辦公室和消費者事務協會所做的一項研究顯示：抱怨之後得到滿意的回應的客戶有七〇％最終都會成為公司最忠實的客戶。

瞭解你客戶的業務範圍，想盡辦法幫助他們。你可以為你的客戶提出提高知名度或是促銷活動的建議。無論你幫助客戶做了什麼，都會對你在今後的推銷活動中有所幫助。

在任何有可能的方面幫助自己的客戶——不管和自己的銷售有沒有關係。

給客戶最好的服務

有時候，推銷員銷售的產品大同小異，唯一可以讓客戶區分自己與其他業務員的方法，就是與眾不同而且更好的服務。

世界頂尖的推銷員，他們的服務也是最好的。每次完成銷售以後，他們會立刻寫一封信寄給客戶，恭賀他們。他們還會寄給某些客戶有用的雜誌和報導，而且致函感謝那些提供推薦名單的人們，不管那些人最後是否購買產品。此外，當重要客戶有值得慶祝的事時他們還會隨時保持聯絡，給客戶朋友般的關懷，打電話問候，題詞送匾予以祝賀。

想成為成功的推銷員，你就必須努力為客戶提供最佳的服務。

喬・吉拉德說：「銷售遊戲的名稱就叫作服務。盡量給你的客戶最好的服務，讓他一想到和別人做生意就有罪惡感。」

喬・吉拉德每個月都要寄出一萬四千張卡片問候函，一年下來就是十六萬八千張。他花費在郵件上的費用比一般推銷員要多出許多倍。他為什麼這樣做？因為他要告訴客戶一件事情：喬・吉拉德喜歡他們。這值得嗎？一定值得，每年有六五％的老客戶就因為問候函的緣故和他繼續做生意。

事實上，無論你銷售什麼東西，當你真的想要服務你的客戶時，他們會感覺到，你也會因此克服客戶拒絕購買你的產品的難題。

業績好壞的差別，不在產品本身，而在於服務。一方面，如果你服務良好，在你從事銷售工作兩年以後，你的生意將有八〇％來自現有客戶；另一方面，無法提供良好服務的推銷者，絕對無法建立穩固的客戶群，也不會有良好的聲譽。

接到訂單只是一個開始。在商業世界裡，不做售後服務的人，永遠沒有生存的空間。良好的售後服務是銷售的一部分，體會不到其重要性的人註定是要失敗。

做銷售就是在做服務。如果你想要成功，請做好服務。所以現在賺不到錢只有兩個原因：一是你服務的人數不夠多；二是你服務的品質還不夠好。

不要總是推銷產品，而是要思考如何給更多的人提供更好的服務。

服務就是急客戶之所急，想客戶之所想。服務客戶通常要做到兩點：第一，永遠的售前服務；第二，服務要超出客戶想像的水準。

推銷開始於收回帳款

喬・吉拉德認為，解決債務問題的關鍵在於對債務人的情況有全盤的瞭解。

以下是他成功收帳的幾個技巧：

（1）要與客戶約好收款及付款的時間。「定期造訪」是經營者順利回收貨款的基本功夫。經營者與客戶約定收款的時間時，要推己及人。賣主安排收款時間時，要選擇顧客與自己雙方都覺得方便和適當的時間。如果一味順著客戶的時間拜訪，容易讓客戶產生「隨波逐流」的不良印象，但是也不能強求客戶配合自己的時間而得罪客戶。

（2）收款前應該將帳目事先確認。賣方可在約定的收款時間以前，先行編制客戶的「帳目清單明細表」，表內詳細地逐筆記載訂貨日期、數量、單價、總金額、統一發票號碼等專案，郵寄給客戶，供其核對付款之用。客戶收到「帳目清單明細表」，就可先行做核對工作。若內容所載正確無誤，客戶就可根據雙方約定的付款期限，預先簽發票據或準備現金，等賣方準時來收款時，雙方就可以在極短的時間內完成交款收款的工作。這樣，能節省雙方當面會帳的時間。

（3）收款的時候「先收後賣」。許多高明的賣主，常利用一次拜訪客戶的機會「一魚兩吃」——推銷和收款同時展開。其優點是可節省專程收款的拜訪時間，其缺點是腳踏兩條船，經常出現兩頭落空的結果。因此，要實施「一魚兩吃」的策略，必須堅持「先收後賣」的原則，先與客戶結清積久的款項，再進一步探求顧客的需要，這樣才可以順利地進行貨物推銷。

（4）碰到客戶抱怨結款困難時，實行化整為零的收款方式。賣方偶爾碰到一些經濟情況較差的客戶，這些客戶會大念「賠錢經」，並且不想確定付款日期，含糊其辭。面對這種情況，賣方可根據客戶的經濟情況考慮讓客戶分期付款，但必須向客戶明確每期應付的金額及付款日期。這種「化整為零」的付款方式，由於在契約中明確指出客戶每期付款的金額和日期，並且請客戶在契約上簽字，在無形中增加客戶的壓力，對拖欠的貨款收回是較為有效的方法。

（5）對喜歡打折扣型的客戶先禮後兵。對付這類的客戶，收款時要以和藹的語氣、堅決的態度向其解說按契約條件付款的長期利益。如果客戶要求折扣的金額不多，而且客戶以往付款信用良好，不妨適當遷就一些。如果客戶信用不佳，而且經常拖欠，最好不要接受客戶折讓的要求，以建立「買賣算清」的收款形象。對於這類客戶，絕對不可姑息養奸，以防給今後的收款增加更多麻煩。

（6）**盡量避免爭辯收款**。當客戶無理地爭論付款票期，不合行情時，收款的賣方一定要保持冷靜態度，避免和客戶直接爭辯，設法和其以「心平氣和」的方式「討論」解決之道，千萬不能以「辯」制「辯」。否則，即使贏了爭辯，也會失去收款的良機。

到死也忘不了我，因為你是我的

每個人的生活都會有問題，但喬・吉拉德認為，問題是上帝賜予的禮物，每次把出現的問題解決後，自己就會變得比以前更強大。

三十五歲前的喬・吉拉德是一個全盤的失敗者。他患有相當嚴重的口吃，換過四十個工作仍一事無成。一九六三年，三十五歲的喬・吉拉德從事的建築生意失敗，身負巨額債務，幾乎走投無路。他說，去賣汽車，是為了養家糊口。第一天他就賣了一輛車。撣掉身上的塵土，他咬牙切齒地說：「我一定會東山再起。」他對自己的付出從來沒有滿意過。

喬・吉拉德做汽車推銷員時，許多人排長隊也要見到他，買他的車。《金氏世界紀錄大全》查實他的銷售紀錄時說：「最好別讓我們發現你的車是賣給計程車公司的，最好確實是一輛一輛賣出去的。」

他們試著隨便打電話給人，問他們是誰把車賣給他們，幾乎所有人的答案都是「喬」。令人驚異的是，他們脫口而出，就像喬是他們相熟的好友。

「我打賭，如果你從我手中買車，你就會到死也忘不了我，因為你是我的！」

儘管喬・吉拉德一再強調「沒有秘密」，但他還是把他賣車的訣竅抖了出來。他把所有客戶檔案都進行系統地儲存。他每個月要發出一萬四千張卡，並且無論買他的車與否，只要有過接觸，他都會讓人們知道喬・吉拉德記得他們。

他認為這些卡與垃圾郵件不同，它們充滿愛，而他自己每天都在發出愛的資訊。他創造的這套客戶服務系統，被世界五百大中許多公司採用。

《金氏世界紀錄大全》經過專門的審計公司審計，確定喬・吉拉德是一輛一輛把車賣出去的。

「他們對結果很滿意，正式定義我為全世界最偉大的推銷員。這是一件值得驕傲的事情，因為我是靠實在的業績取得這個榮譽。」

關注有超級影響力的客戶，而不是所有的客戶

你應該關注的是有超級影響力的客戶，而不是所有的客戶。

在這個世界上，追隨者總是要比帶頭的多得多。因此，有些顧客只有在知道有名望的人已經買過之後，他們才肯出錢購買。你如何知道應該在什麼時候抬出名人以提高自己的身價？

其實，最明顯的信號就是顧客提這種問題，如「在我之前，還有什麼人買過你的產品？」

另一個微妙無聲而又明顯的信號，就是你可以觀察到的地位象徵。例如：一位女士穿的襯衣上帶著標有設計師姓名的商標，或是一支名牌手錶、一副名牌太陽眼鏡、一個名牌手提包，這些都表示顧客願意多花好幾十元購買與之相同的品牌。男士也一樣，他們的襯衣、夾克、皮帶和領帶上可能帶有小鱷魚圖案或足球明星形象。他們透過買勞力士手錶一類的昂貴物品，來顯示自己的社會地位。

百事可樂公司經常運用此道。百事可樂公司常請世界級明星做形象代言人，這樣可以讓所

有代言人的影迷歌迷都購買百事可樂。

在顧客的家中和辦公室裡，你同樣可以發現很多這樣的地位象徵品，從中你可以看出顧客是如何受到別人的影響的。有些銷售人員出於提高身價的目的，經常記著一長串顧客的名字，另一些人卻做得更進一步，他們會拿出那些滿意的顧客親筆寫下的表揚信炫耀一番。

這一類信件，尤其是對你的公司和優質服務大加讚賞的信件，經常能收到很好的促銷效果。但是，有時候你得去請求顧客才可以獲得這些信，因為有的顧客雖然感到滿意，對你評價也很高，但很少會主動寫出來。

顧客的推脫態度之所以出現，是因為他們擔心做出錯誤的決定。他們的邏輯思維是：「他們都是些聰明和敏銳並且有影響力的人，要是他們都買了，我相信一定物有所值。」在適當的時機提到那些與目前的顧客屬於同一領域，卻又出類拔萃的人，同樣能顯示出你是一名合格的銷售員——尤其是當你遭到冷落，顧客對你和你的公司缺乏瞭解的時候，這種成交方法十分有效。

真心誠意的恭敬語言才有情感，有情感才有力量

推銷員要經常使用恭維敬語，以建立自己的禮儀形象，完成良性互動的人際關係。以不卑不亢、與人為友的態度對待顧客。先營造友善禮貌的情緒氣氛，再以充滿自信的態度，使用肯定的話語來讚美你的客戶，大聲告訴他，此商品服務會給他帶來很多好運及樂趣。好的儀態也是恭敬的表現及延伸，微笑是表達恭敬的一項強有力的手段，是世界共通的語言。適時微笑，笑口常開會給自己及客戶帶來好運。笑得要自然，微笑可使人心情舒暢，放鬆壓力，使情緒和緩、易建立友善氣氛。當人心情愉快時，一切都容易交談；對客戶的弱點、缺點要採取三不主義，即不看、不聽、不批評；對競爭者也不要誹謗；對自己也不過度吹噓。

只有讚美別人，才可以表現出自己的高貴。

第一印象經常會形成呆板的形象，推銷員經常犯的錯誤是「恭而不親」，因此要研究誠懇而親切的藝術。

多數準顧客在推銷員接近時，都本能地豎起防衛的盾牌，在雙方之間形成一種緊張的狀態。如果可以投對方所好，改變你的行為，讓對方一見面就產生「一見如故」的感覺，準顧客就會卸載防衛盾牌，張開雙臂歡迎你。這個時候，雙方的緊張狀態減弱，信任與合作關係就會加強，推銷在突然之間就會變得如探囊取物般容易。

真心誠意的恭敬語言才有情感，有情感才有力量。沒有情感是不會成為一流推銷員的。牢記客戶姓名，並稱讚其姓名的特殊優點……

初次見面一定要尊重客戶的隱私權，不要有意無意地注視客戶的私人用品，如皮包；不要因為和客戶已熟識，而過分表示親切；可以穩重或放鬆自己，但不忽視小細節。每個人心中皆渴望受到重視，推銷員應該主動為客戶著想，無論客戶背景如何，皆一律予以尊重、重視。

第一印象在第一時間形成，沒有機會從頭再來。所以你要把握以下重點，讓別人對你有好感，想進一步認識你：

（1）親切地招呼對方。

（2）笑容要開朗愉悅。

（3）讓對方從你的第一句話，體會到你的真誠。

（4）穩穩地握住對方的手。

吸引顧客的感官，掌握顧客的感情

每一種產品都有自己的味道，喬．吉拉德特別善於推銷產品的味道。與「請勿觸摸」的做法不同，喬．吉拉德和顧客接觸的時候，總是想盡辦法讓顧客先「聞一聞」新車的味道。

他讓顧客坐進駕駛室，握住方向盤，自己觸摸、操作一番。如果顧客住在附近，喬．吉拉德還會建議他把車子開回家，讓他在自己的妻子和孩子面前炫耀一番。

顧客會很快被新車的「味道」吸引。

根據喬．吉拉德的經驗，凡是坐進駕駛室把車開上一段距離的顧客，沒有不買他的車的。即使當即不買，不久後也會來買。新車的「味道」已深深地烙在他們的腦海中，使他們難以忘懷。

喬・吉拉德認為，人們都喜歡自己來嘗試、接觸、操作，人們都有好奇心。

無論你推銷的是什麼，都要想盡辦法展示你的商品，而且要記住：讓顧客親自參與。如果你可以吸引顧客的感官，就可以掌握顧客的感情。

沒有不被拒絕的尖兵，只有不畏拒絕的冠軍

剛開始做銷售是一件很辛苦的事情。你對行業不熟悉，對顧客消費習慣不瞭解，所有的一切都需要從零開始。有時候你一天要和十幾個甚至幾十個潛在顧客交談，還要忍受對方的抱怨和粗暴的拒絕，然而一個月下來你的收入卻沒有絲毫的增加。

很多想從事銷售工作的人都因為不能忍受開始時的辛苦而轉向別的行業。失敗後，隨之而來的就是抱怨，有些銷售員抱怨公司的制度不好，有的抱怨公司的產品不好，還有的抱怨公司沒有自己固定的客戶群……

要知道，你才是銷售員。

世界上沒有永遠的拒絕，也沒有最好的產品。什麼樣的顧客需要什麼樣的產品。不要以為你的產品和對手的產品在功能上無法相提並論，無論是產品的價格和適應性、你的服務還是你自己，都可以為顧客找到合適而且合算的理由。

喬・吉拉德說：「銷售失敗沒有任何藉口，可能有些人會覺得自己不適合做銷售，自己沒有做銷售員的天分，有些人總是挑剔公司的產品、產品的定價。其實，這些都不是你失敗的藉口，你失敗的唯一原因是你還不夠認真，還不夠努力。」

被拒絕表示什麼？

為什麼會被拒絕？

有些銷售員會說「被拒絕表示失敗，表示沒有獎金、沒有提成，表示產品的品質差、定價高」，而有些銷售員會說「這是我個人的問題，是我不夠細心，是我不夠耐心，有時候提不起勇氣，」是由於我沒有合理科學的銷售觀念造成的，有時候自己沒有控制好情緒，有時候服務態度有問題。

瞭解拒絕對自己究竟表示什麼，就像瞭解是什麼理論在支持自己的工作一樣重要。沒有帶來打擊的東西，只有受到打擊的人。

你已經接受很多銷售活動的訓練，具備促進銷售的能力，而且你在不斷學習新的技巧，不斷掌握更多的產品知識、服務和銷售理念。這些都可以使你為消費者提供更好的服務。然而，你還是會有失敗的時候。

被拒絕是不能避免的。所以，在你還沒有離開銷售這個行業的時候，一定要告訴自己：

沒有不被拒絕的銷售尖兵，只有不畏拒絕的銷售冠軍。

其實，銷售是一種創意式的工作，你甚至不能有絲毫的停頓。你不僅需要馬不停蹄地面對許多的消費者，還需要有充分的準備去面對一次次的拒絕。所以，如果你在內心深處無法迸發出狂熱的激情，就無法在消費者面前表現你的自信。

第二篇

每天進步一點點

——最偉大推銷員快速成長自我修煉術

擁有自我激勵能力

一個真正優秀的銷售員，必須有一個最基本的素質，那就是自我激勵。激勵就像一輛汽車上引擎的啟動器，沒有啟動器，引擎將永遠不會發出功率。自我激勵能力，就是指銷售員必須有一種內在的驅使力，使他個人想要而且需要去做一次「成功」的銷售，而不只是為了錢或為了得到上級的賞識。

當然，從心理學的角度來說，一般人工作是為了賺更多的報酬和獲得晉升的機會，事實上現實中也正是這樣。但是如果缺乏內在的驅使力，當他的工作達到某個水準時，他的銷售業績也就基本停滯不前，只能維持這個水準，甚至開始逐漸下滑，很快就成為平凡的銷售員，這樣的例子不勝枚舉。他們最大的缺點就是缺少衝勁和活力，原因也就在於缺乏自我激勵能力。

一個人的銷售能力，就是由正確思考和自我激勵能力的交互作用來決定的。這兩個基本素質不僅交互作用，而且彼此加強。必須有強烈的自我激勵能力，加上自身良好的悟性，才可以不斷達成有效的銷售。

具有良好的悟性和強烈的自我激勵能力的銷售員，是每個公司理想的人才，這樣的銷售員具有第一流人才的潛力，只要給予正確的訓練與指導，他們必然可以有傑出的表現。

有一個寓言故事：一隻蜈蚣悠閒自得，有一隻癩蛤蟆嘲笑牠：「嗨，你哪隻腳先走，哪隻腳後走？」

這是一個複雜的問題，蜈蚣停下腳步，開始冥思苦想自己究竟應該怎樣行走。

銷售員們不用考慮自己是應該先邁左腳還是先邁右腳。他需要做的只是向前走，而且不停地走——向自己的目標前進。

在每一天的開始，給自己一個挑戰，以提高你的工作效率，節省與客戶交談的時間。你是否發現自己每天只用了三個小時去銷售？可是其實在每天八個小時的工作時間之內，都可以與客戶聯繫，相比之下三個小時是否太少了？你如何安排每天的時間，使自己可以多做幾次拜訪？那些低效率的工作和時間是否是不必要的浪費？

銷售是一種技能，像其他技能一樣，必須透過學習和實踐才可以獲得，只有透過工作才可以不斷地提高。成功銷售的訣竅和其他任何職業的成功訣竅一樣，用喬治・華盛頓・卡爾的話來做一個簡單的總結：「從你現在站的地方出發。做你現在可以做的事情。做出一些事情。永不滿足。」

從你現在站的地方出發表示從今天開始向前走；表示在努力完成一天的任務之前永不停止工作；表示不滿足於「像大家一樣」；表示離開辦公桌，戴上帽子，透過最短的路程實現自己的目標；表示一直向前走，直到再也找不到任何目標為止。

因此，無論是在哪一種行業，如果你想成為一位優秀的銷售員，或是一位成功的創業家，就不要再被動地等客戶上門。安逸的時代已經過去，你一定要走出去開發市場，發掘潛在客戶，然後設法去耕耘他，擁抱他。一個可以運用正確的思考方式並且成功地進行自我激勵的人，才是真正成功的銷售員。

從容應對各種緊急狀況

如果銷售員在任何場合，都可以保持從容不迫、順其自然的態度，任何事情他都可以應付自如。

一些偉大的人物都是一些「鎮靜」的高手，面對突然變故，仍然鎮定自若。因為他們懂得，不能慌張，否則就無法冷靜思考如何應付。如果他們慌了，周圍的人會更沒有主見，那就慌作一團。因此，他們經常大喝一聲：「慌什麼？」這一半是對別人說的，一半則是自我暗示。銷售員在日常的工作中，經常要遇到各種各樣的緊急情況，也許這些突如其來的情況會使你措手不及，你應該努力使自己鎮靜下來，以便籌畫下一步。

如果你感到慌張，你的大腦就失去正常的思考能力，你就會丟三落四，語無倫次。許多人掉了重要東西，或是說話說漏了嘴，就是因為心裡有「鬼」，驚慌失措。這種時候，你要有意地放慢你的動作節奏，越慢越好，並且在心裡說：「不要慌！不要慌！」動作和語言的暗示會使你慢慢鎮靜。你的大腦就會恢復正常的思考，以應付周圍發生的事情。

沒有見過大場面的人，一到人多的場所，就會全身不自在。克服這種心理的方法是把所有的人都當作朋友，點點頭，打聲招呼，別人自然也會回應。雖然他可能永遠也無法想起曾經在哪裡見過你，但是你卻因此消除緊張。

銷售員只要有機會就要主動當眾說話，面對的人越多，越可以鍛鍊你的銷售能力，就會使你逐漸養成從容不迫的好習慣。

破解被拒絕心理

沒有人喜歡被拒絕，拒絕會讓人痛苦、難過，但現實中又無法避免被拒絕，尤其是銷售員。對銷售員來說，被拒絕是家常便飯。有些銷售員在遭到拒絕以後，經常會產生一些心理障礙，影響以後的工作。因此，我們有必要破解被拒絕的心理，以便更好地做好銷售工作。想要成為一流的銷售員，必須克服達成交易時的各種心理障礙。常見的心理障礙有以下幾種：

客戶拒絕該怎麼辦？

這樣的銷售員往往對客戶還不夠瞭解，或是選擇交易的時機還不成熟。其實，即使提出交易的要求被拒絕了，銷售員也要以一份坦然的心態來勇於面對眼前被拒絕的現實。做銷售，成敗是很正常的，有成功就有失敗，銷售員要學會坦然面對。

我會不會欺騙客戶？

這是一種常見的錯位心理，錯誤地把銷售員放在客戶的一邊。應該把著眼點放在公司的利益上，不僅要以銷售的眼光與價值觀來評判產品，而且要從客戶的角度上衡量銷售的產品。

主動地提出交易是不是在乞討？

這也是一種錯位的心理。銷售員要正確地看待自己與客戶之間的關係。銷售員向客戶銷售產品，獲得金錢，但客戶從銷售員那裡獲得產品與售後服務，這些可以給客戶帶來許多實實在在的利益，提高工作效率，雙方完全是互利互惠的友善合作關係。主動提出交易，只是給客戶提供一個機會，不是乞討。

如果被拒絕，主管會小看我嗎？

有些銷售員因為害怕提出交易遭到客戶的拒絕，進而失去主管的重視。但是應該明白，拖延著不提出交易雖然不會遭到拒絕，但是也永遠得不到訂單，那就永遠也做不了合格的銷售員。

客戶會喜歡同行的其他產品嗎？

這種心理也反映銷售員對產品缺乏自信。同時，也往往容易為銷售失敗找到很好的藉口：即使交易最終沒有達成，那也是產品本身的錯，而不是自己銷售工作的失誤。這樣的心理實際上正好反映銷售員不負責任的工作態度。

我們的產品有問題嗎？

這是一種複雜的心理障礙，混合幾個方面的因素，其中包括對自己的產品缺乏應該有的信心；面對交易時的錯位與害怕被拒絕的心理。銷售員應該明白，客戶之所以決定達成交易，是因為客戶已經對產品有相當的瞭解，認為產品符合需求，客戶也許本來就沒有期望產品會十全十美。達成交易是與客戶進行的最後一步，也是非常重要的一步。銷售員如果缺乏達成交易的技巧，很容易使交易以失敗告終。在適當的時候，主動提出交易是一個很重要的技巧。

如果銷售員可以真誠主動地提出交易，成交率將會大大增加。銷售員無法真誠主動地提出交易，往往是因為存在嚴重的心理障礙。有些害怕被拒絕以後，自己會有受挫的感覺；有些擔心自己主動提出交易，會給人乞討的印象；有些甚至覺得同行其他的產品更適合客戶。

成功的關鍵在於一種積極的心態，每個人都有鞭策自己的神秘力量。在大多數人裹足不前的情況下，積極心態的人總選擇勇往直前，不退縮。這種人最適合做銷售，因為這種人具有高度的樂觀，堅定的信念，自發向前的上進心。他們會輕易且自然地克服可能遭受的多次白眼或無情拒絕，因此他們的業績總是遙遙領先，令人欽羨。

這表示我們越是肯定自己，具有頑強的信念，把自己看成是一位有價值的創造者，讓客戶覺得物超所值，幫助他們在情感上獲得更大的滿足感，越可以成為成功的銷售員，同時銷售員越對產品信心十足，越會在內心產生一股巨大的力量，快速增強積極心態，更加重視自己，重視對方。要坦然、勇敢地面對拒絕，這是銷售成功的金鑰匙。

無論客戶拒絕率有多少，總有人生意興隆，有人慘澹經營，生意是靠爭取的，畢竟天上掉餡餅的事發生的機率實在太小了。擁有積極心態的銷售員常能建立無限的自信與堅韌的意志，只有以自信、意志去面對客戶的拒絕，以專業化的策略、適當的口才去化解客戶的拒絕，才可以得到巨額的訂單、優厚的獎金、幸福的生活。

銷售員應該自始至終保持高度的自信，無論客戶用什麼言詞拒絕或反駁，都要對自己說：「我一定可以讓他心服口服，一定可以滿載而歸。」如果可以把處理反對意見稱為是一種樂事、一種自我挑戰，以平心靜氣的心態接納它們，就會產生意想不到的神奇效果。追求成功的心態，可以使銷售員的處理方法與說話技巧的威力加倍，一定要注意培養。

做銷售的朋友請牢記「銷售是從被拒絕開始的」。只有被拒絕才會激發人的更大鬥志與激情，才會使人更加深刻體會到銷售的意義與快樂，才會使人更加深刻體會成功的喜悅、幸福的滋味。

與壓力和諧相處

「隨時把自己看作是一個在湖中翻船的人！」一個資深的銷售員說：「如果你可以保持鎮靜，就可以游到岸邊，至少在沉浮的時候，有人會來救你。如果你失去冷靜，就會被淹死。」一想要從事銷售工作，就要把這個警句牢記在心裡，這樣就會養成心情輕鬆的習慣，進而獲得許多幫助，也有辦法應付銷售中的任何情況。

實際上，一定的壓力無論對人的生活和工作都是有好處的。但過多的壓力會損害健康，即「壓力殺人」，是一種「看不見的疾病」。壓力對情緒的影響：使人容易激動、發怒，意志消沉，嚴重的可能會患上神經衰弱，智力功能降低，甚至有自殺傾向等。壓力對行為的影響：使人在工作中粗心大意、對批評過敏、難以集中精力、缺勤率高、工作態度惡劣、人際關係變壞等。所以，當銷售員有壓力時，應該採取積極措施，釋放壓力，建議大家從以下幾個方面進行嘗試。

寬容為美

寬容是銷售員應該具備的品格修養，銷售員碰到的客戶可能是蠻不講理的、故意搗亂的，或是惡意騷擾的，對待這樣的客戶要寬容，寬容能將堅冰融化。銷售工作的目的主要是為客戶服務，為客戶解決問題。所以在工作時不要逞一時之強與客戶爭辯，最後勝了辯論卻輸了生意，這不是偏離做生意的本意嗎？

保持鎮定

一流的銷售員，面對突發的問題，不會手忙腳亂，就像一個夠格的橄欖球員一樣，在傳球的時候，球意外地落到他的手中，他不膽寒或驚慌，可以靈敏地反應，有辦法掌握或對付新情況，他會緊抱著球跑過去，或是警覺而又輕鬆地轉個方向，以免對手撲過來。大多數的銷售員，只有經過多次練習，才可以養成這種習慣。

不管在何種場合，如果可以保持從容不迫、順其自然的態度，任何事情都將應付自如。

自我控制

有些來投訴的客戶情緒可能很激動，出言不遜，說出一些不太好聽的話，甚至有些銷售員特別是女銷售員會被罵哭，這種情況在銷售行業是非常普遍的。因此，一個職業化的銷售員，要有良好的心理素質，可以控制情緒。要不斷地告誡自己，客戶罵的不是自己，因為自己只是一個銷售員，客戶只是對產品不滿意，是對公司的服務有意見，不要把客戶的辱罵或是不適當的語言理解成為對個人的人身攻擊。要完全站在客戶的立場上為客戶著想，想想假如是自己，自己也會生氣，採取激烈的行動，這樣就可以理解客戶，進而保持一種平和的心態。

正確對待失敗

從事銷售這個行業，就要正確認識挫折和失敗，要有不屈不撓的勇氣。銷售員一定要有耐心，要相信所有的失敗都是為以後的成功做準備的。這個世界有一千條路，卻只有一條可以到達終點。銷售員運氣好，可能走第一條就成功了，但是如果運氣不好，可能要嘗試很多次，但記住：銷售員每走錯一條路，就離成功近了一條路。為什麼這個世界上有成功者也有失敗者？原因很簡單：成功者比失敗者永遠多堅持一步。銷售員應該把全部思想用來做想做的事，不要給那些胡思亂想的念頭留出思維空間。

銷售員知道怎樣培養積極心態後，接下來的問題就是怎樣才可以把積極心態表現出來，讓客戶看得見。因為客戶需要的是對他們有所幫助的積極態度。行動比言語更能打動人心。一些積極的行為模式可以幫助銷售員將積極心態表現出來。此外，積極的行為模式將會在銷售員的內心中萌生出更多積極的思維方式。銷售冠軍的經驗有以下幾點：

說出銷售承諾

客戶必須先看到銷售員的承諾，然後才願意冒自己做出承諾的風險。

注視對方的眼睛

在會談中，要注視客戶的眼睛，一則顯示銷售員的自信，二則「眼睛是心靈的窗戶」，銷售員可以透過他的眼神發現他沒用語言表達出來的「內涵」。

切勿選擇捷徑

銷售員無須成為一個完美主義者，但銷售員需要處理好每個細節，以保證兌現承諾。

提供N種解決方法

經常去發現變通的方法以適應各種不同的情況，尤其是那些涉及解決客戶問題的情況。

學會欣賞銷售工作

欣賞自己的工作是最大的動力。銷售員對自己那份工作的欣賞程度，對銷售員周圍的人來說是顯而易見的，這當中包括銷售員的客戶，客戶總喜歡和擁有一批快樂雇員的公司打交道。

讓客戶看見熱情

銷售員表現出熱情時，銷售員的感情具有很大的感染力，它會促使客戶做出購買決定。

誠實

銷售既是科學又是藝術，經常允許添枝加葉，有時候甚至需要一些誇張，但是不能說謊。

守時原則

要珍惜時間，不僅珍惜自己的時間，也要珍惜客戶和潛在客戶的時間。保持準時到場，不要讓自己不受歡迎。

養成堅持到底的習慣

無論從事什麼工作，都要具備堅韌的品格與毅力，害怕困難而半途而廢，將會一事無成。要評判一個人的業績，不是看他做多少事情，而是看他完成多少事情。

如果銷售員有能力，業績卻落後於別人，不要埋怨，最好進行反省：自己是否努力完成工作？如果不是，這就是銷售失敗的原因。對於任何工作，一定要有始有終地完成。工作的成功與否，取決於自己是否有毅力，是否可以有始有終。持之以恆，是順利完成工作的重要因素。

某公司應徵銷售員的時候，人事經理只看一下應徵者的履歷，就說「電梯壞了」，然後帶著幾十個應徵者從一樓爬上三十樓。大多數人不是待在一樓，就是爬到一半就放棄。看著堅持到最後的幾位應徵者，人事經理宣布：你們被錄取了——其他人全部被淘汰。以爬樓梯來考核員工是否具有堅持不懈的精神，再合適不過。

在所有的工作中，銷售是最容易遭到拒絕的工作，也是最容易讓人厭倦的工作。許多銷售員沒有取得成功，就是敗在自己手中，遇到挫折的時候放棄自己的追求，缺乏堅持不懈的精神。

美國銷售協會的調查研究指出，無法堅持下去是銷售失敗的主要原因。四八%的銷售員找過一個客戶之後就放棄；二五%的銷售員找過兩個客戶之後就放棄；十五%的銷售員找過三個客戶之後就放棄；十二%的銷售員找過三個客戶之後，繼續堅持下去，八〇%的業績就是這些銷售員做成的。堅持不懈地付出努力，是優秀銷售員取得良好業績的不二法門。

約翰・吉米是美國一家保險公司的業務員，他花費六十五美元買一輛腳踏車，到處尋找客戶，不幸的是，成績始終是一片空白。可是他毫不氣餒，無論自己晚上多麼疲倦，也要寫信給白天拜訪過的客戶，感謝他們接受自己的拜訪，邀請他們加入投保的行列。可是，無論他多麼努力勤奮，也沒有產生任何效果。兩個月過去了，他沒有找到任何客戶……勞累一天回來，他經常沒有心情吃飯，雖然妻子溫順體貼，但是只要想到明天，他就會直冒冷汗。

他在日記中寫道：「從前，我以為只要自己努力工作，就可以做好任何事情。但是這一次，我錯了。因為事實並非如此……我跑了六十八天，還是沒有找到任何客戶。唉，保險工作非常不適合我，不如換一個地方工作吧……」

妻子勸告他：「堅持下去，就會有希望。」吉米聽從妻子的勸告。

吉米曾經想要說服一個小學校長，讓他的學生全部投保。然而，校長對此毫無興趣，不斷地拒絕吉米。第六十九天，吉米再次拜訪這個校長，校長終於被他的誠心感動，同意全校學生投保。

吉米成功了！堅持不懈的精神，使他後來成為著名的保險銷售員。吉米的堅韌是我們所提倡的銷售要具有狼性的重要一點。不輕易放棄，透過各種管道接近目標，獵物總會到手。頂級銷售員一定深諳狼性，一步步堅定而執著地接近目標。

銷售是一場持久戰，要規避急功近利的心理

一個銷售經理曾經用「五十－十五－一」原則來激勵銷售員堅持不懈地努力。所謂「五十－十五－一」就是指每五十個業務電話中，只有十五個人願意和你談談，這十五個人之中，只有一個人和你成交。沒有堅持不懈的精神，哪裡來良好業績？

所以說，對於銷售人員來說，想要挖出自己的水，最重要的就是堅持不懈，只有這樣才可以喝上甘甜的水。如果你選擇放棄，就永遠和成功無緣。

很多人會在成交之前就放棄，但是如果可以堅持不懈，結果就會大不相同。

客戶冷冰冰地拒絕的時候，我們面臨極大的考驗。畢竟，當順利成交時，我們都會開心，誰都不想被拒絕。不斷地拜訪，得到的卻只是拒絕，但還要堅持下去，這需要勇氣。有時候堅持下去很難，面對客戶的無動於衷，面對客戶的冷淡，甚至是冷嘲熱諷，面對不可預知的銷售結果，需要很強的信心去支撐。

銷售是持久戰，不要急功近利。我在對大量銷售員進行研究的基礎上得出一個結論：那就是八〇%的銷售員過於急功近利，想一次就促成簽單，成功的機率是非常小的，結果就遭到客戶無情地拒絕。

銷售員需要先定好每次的銷售目的，我們必須非常清楚地明確一點，每次拜訪的目的都是不一樣的，有禮節性的拜訪、產品說明和示範、簽單促成、收款、售後服務、抱怨處理、索取轉介紹……

推銷員要建立分步驟走、按照流程操作的方法，雖然在形式上看起來雖慢，但是每個流程進行得很扎實，成功的機率就大。

拋棄乞丐心理

銷售員的乞丐心理是指銷售員認為自己的工作是在乞求別人、請別人幫助自己辦成某項事情，所以在銷售時非常害怕客戶提出反對意見，害怕客戶對產品提出哪怕是一丁點的意見。在乞求心理支配下，銷售員害怕購買者有絲毫的反對意見或看法，一旦聽到反對意見，立刻會意識到成交將失敗。

銷售員的心態不同，精神狀態就不一樣，展現在客戶面前的氣質信心也不一樣，銷售成績也不一樣。所以說銷售員銷售產品，首先銷售的是自己，取得客戶的信任，是最為關鍵的一步。在乞丐心理模式下，只會遭到失敗。

銷售經理麥可具有豐富的產品知識，對客戶的需求很瞭解。在拜訪客戶以前，他總是先掌握客戶的一些基本資料，他經常以打電話的方式先和客戶約定拜訪時間。

例如：星期四，下午四點剛過，他會精神抖擻地走進辦公室。他今年三十五歲，身高一百七十五公分，深藍色的西裝上看不到一絲皺褶，渾身上下充滿活力。

從上午七點開始，他就開始一天的工作。除了吃飯的時間，他始終沒有休息。下午五點半，他有一個約會。為了利用四點到五點半這段時間，他打電話給客戶約定拜訪時間，以便為下個星期的銷售拜訪提前做好安排。

打完電話，他會拿出數十張卡片，卡片上記載客戶的姓名、職業、地址、電話號碼，以及這些資料的來源，卡片上的客戶都住在市內東南方的商業區內。

他選擇客戶的標準，包括：收入、職業、年齡、生活方式、嗜好。

他的客戶來源有三種：一是現有的客戶提供的新客戶，二是從報刊上的人物報導中收集的客戶，三是從職業分類上尋找的客戶。

在拜訪客戶之前，他一定會知道客戶的姓名。例如：想要拜訪某公司的執行副總裁，但不知道他的姓名，麥可會打電話到這家公司，向總機人員或公關人員請教副總裁的姓名。知道姓名以後，他才進行下一步的銷售活動。

他拜訪客戶是有計畫的。他把一天當中所要拜訪的客戶都選定在某一區域之內，這樣可以減少來回奔波的時間。根據麥可的經驗，利用四十五分鐘的時間做拜訪前的電話聯繫，即可在某一區域內選定足夠的客戶供一天拜訪之用。

他利用不去拜訪客戶的時間，做聯繫客戶、約定拜訪時間的工作。同時，他也利用這個時間整理客戶的資料。

麥可對產品有深入的瞭解，並且能在客戶面前適當地表達出來，也可以從容應付客戶的質疑。這主要得益於他事前做了許多有益的準備工作。每位優秀的銷售員都應該做這種事前準備工作，而這種事前準備工作所花的時間往往不會太長。如果不做事前準備而貿然拜訪客戶，不僅浪費客戶的時間，也使客戶產生一種被輕視的感覺，進而破壞彼此的關係。

IBM的銷售員在正式面對客戶以前都要接受為期一年的專業訓練，包括教室裡的講課和模擬訓練。IBM公司要為每位業務代表選擇一個行業作為深入瞭解的對象，然後徹底瞭解行業上的需求並予以滿足。例如：有的業務代表專精於銀行，有的專精於零售業。這樣，業務代表才可以確切地瞭解行業上的特殊問題而使電腦的銷售更為順利。

挨家挨戶叫賣的時代已經過去。銷售員在工作的時候，對客戶的行業最好可以有所瞭解。這樣，才可以用客戶的語言和客戶交談，拉近與客戶的距離，使客戶的困難或需要立刻被覺察而得到解決，這是一種幫助客戶解決問題的銷售方式。

建立正確的金錢觀

在當今社會，金錢並不能解決人類社會所有的問題，而不用錢就可以解決的問題也是很少的。雖然「銷售員以資金的回收而結束」，但是無論是陽光初照的黎明，還是日落西斜的黃昏，作為與金錢結下不解之緣的銷售員來說，對待金錢的態度才是最為重要。銷售員應該怎樣看待金錢？

自費投資

在日本棋院統一圍棋界以前，方元社的岩崎健次郎在壯年時，曾經向大師本因坊秀微學棋。據說，儘管事先講定每次付兩毛錢日圓學費，但是他又送上額外的五日圓作為酬金。本因坊秀微誠懇地勸告：「岩崎君，不要太勉強了。」「由於兩三毛錢的學費使我感受不到失去的痛苦，反而容易產生疏忽感而不往心裡去。這個貧窮中得來的五日圓謝禮，實際上是我一個月的薪水，現在花在一盤棋上。因此對我來說，這是非常認真的比賽。所以，與其花一毛錢下五十盤棋，不如用五日圓去下一盤棋。」說著，岩崎健次郎掏出五日圓。

銷售員每天都在與對手進行著激烈的競爭。要戰勝對手，精力、體力、智力缺一不可。因此，平時就要捨得為自己掏腰包，進行自我投資。最好能每個月拿出一定數額的錢作為讀書學習的費用，或是自費參加培訓班的學習。正如岩崎健次郎要使自己感受到痛苦那樣，重要的是抓住機會提升自己。

鍛鍊毅力

東京文明堂建立初期，宮崎芭左衛門曾經說：「要得到金錢，最重要的是要有毅力。」富士銀行的創始人安田善次郎也說：「對自力更生積蓄一千日圓的人，根據情況就可以信任他，可以借給他一萬日圓。」雖然得到金錢首先要儲蓄，但重要的是毅力問題。

對於銷售員來說，不應該總是關心自己今天賺了多少錢，而是應該透過鍛鍊來提高自己的毅力。有堅定的毅力，不愁賺不到錢。

小額存款、中額存款、巨額存款

昔日，把相當於三個月的薪水稱為小額存款，一年薪水稱為中額存款，三年的稱為巨額存款。最初為存夠相當於三個月薪水的存款而努力，一旦有小筆存款後接著就產生要有中額存款的欲望，不久便取得巨額的碩果。

對於一個連小筆存款都沒有的銷售員來說，長期的吝嗇欲望就會與不穩定心理交織在一起。孟子曾經說：「民之為道也，有恆產者有恆心，無恆產者無恆心。」沒有一定的財產，就不能確保安穩的情緒，作為銷售員尤其如此。

已經取得明顯業績的銷售員最後慘遭敗績的原因大多源於金錢。無論如何，正是因為與金錢有切不開斬不斷的關係，所以為了自己的前程，銷售員應該最避諱的就是一心只想著金錢。

像銷售冠軍一樣思考

對於銷售新人來說，雖然不具備銷售冠軍那樣的非凡業績和高超手段，但是可以學習他們的思考方式，普通的銷售員只要稍微改變思維方式，就有可能成為銷售冠軍。學習以下幾種思考方式，會使自己的大腦變得和銷售冠軍一樣靈活。

學會聯想

例如：你不瞭解自己思想的豐富程度，你可以聯想一座花園。你的念頭是像野草一樣生長還是精心培育？它結出什麼樣的果實？是否散發各種芳香？土壤是否肥沃，是否需要一次施肥？也許應該去看一場電影，一次旅行，或是與陌生人進行一次談話？

經常保持好奇心

有一幅漫畫，兩隻狗在看一部貓的電影。一隻狗閉上眼睛，一隻狗把所有的貓都當作狗。這幅漫畫說明，對自己不瞭解的領域，人們總是不由自主地關閉，或是用偏見解釋。面對不熟悉的行業和技藝，你會怎麼反應？會盡力熟悉它，還是轉身離開？是否會嘗試在自己和不熟悉的事物之間搭起橋樑？如果你對某件事情充滿好奇，請你標上一顆彩色的心，否則標上一顆黑色的心。

敲碎大腦中的隔板

讓自己的大腦成為一間敞亮的屋子！我是老闆，為什麼不能親臨街頭賣貨，或是聯繫一項微不足道的業務？對方有可能會拒絕我，我為什麼不能試試看，對拒絕者說一句「沒關係」？我為什麼不可以從事一項發明，並且去登記專利？人們總是面臨「一般都是這樣」的選擇，為什麼不選擇創新，反而讓每天閃現出來的思考火花白白流走？在這個世界上，沒有任何更保險的事情，任何可能出錯的事情都會出錯。只要打破一層隔板，就可以架起一座溝通的橋樑。

讓自己進入角色

找一本小說，自己扮演其中的主角，看看自己的另一種命運。在一篇動人的通訊報導中，試著成為見證人和採訪者。在記者漏寫的地方，試著去描述。去博物館，站在恐龍遺骸或是神像前面，嘗試成為恐龍或雕塑。也可以去動物園，體會動物的生活。有一位著名的細胞神經學家說，自己在工作的時候，彷彿變成一個神經病，感知神經之間神秘的聯繫。這種角色使他發現許多別人未曾發現的秘密。

挑戰最後期限

有一位著名的專欄評論家，他的作品都是在「逼迫」中寫成的。「就像有槍指著我的腦袋一樣」，他說，他經常是發稿前的頭天晚上在奮力敲鍵。他總是希望有更充裕的時間來周到地思考，沒想到當這樣做時都文思乾澀。原來他就是這樣一種生物，在某個溫度上別人要瀕臨死亡，卻是他最活躍的時候。他最好的文章產生於這樣的時候，經常因為壓力，文思泉湧，妙筆生花。人類天生具有刺激反應，彷彿置之死地而後生，天才的思考會在這個時候不期而降。

隨時隨地學習

銷售冠軍懂得在毫不相干的時候學習想要的東西。一個優秀的汽車設計師，在陪孩子到動物園的時候，也自然地聯想到汽車。他看到沿途的風景，產生自由和原野的念頭。一隻漂亮的大鳥劃過他的視野，鳥的姿態、叫聲和色彩讓他激動不已，他迅速描繪下這隻鳥，把寫意形象融入他的汽車設計中，並且獲得設計大獎。帶上一個小小的筆記本，參觀、旅行、購物、散步，不管你看到的有趣的東西是否可以立刻派上用場，要不斷地記下來。

跨越人生的灰色區

所有成功者都發現，在最困難的時候，自己曾經有放棄的念頭。只要是堅持下來的人，都慶幸沒有半途而廢。你當然不可能只是遇到好運氣。在進入倒楣的灰色區時，愛迪生曾經說：「如果世界上有運氣這個東西，我一定就是世界上最沒有運氣的人。我一生沒有遇到任何走運的事情。我希望努力得到自己需要的東西，就開始發現自己不需要的一些東西——一件接著一件的倒楣事情。我發現九十九件自己不想要的東西，最後一件，也就是我一直在尋找的東西。」正確的態度，會讓自己的灰色區充滿希望。

把銷售視為一種行動

只要行動，就會有所改變；只要行動，就會有所收穫；只要行動，就會有所成長。行動可以使自己更堅強。

想要成為一個出色的銷售員，每天在家裡或辦公室裡想著要如何開拓客戶，如何說服他們，如何成交是沒有用的。因此，想要成功就要採取行動，尋找自己的客戶。無論是突然造訪還是事先聯絡，第一次拿著其他客戶的介紹信前去拜訪時，總會感到緊張。為了不使這個難得的拜訪機會輕易失敗，就必須拿出最好的表現，使客戶對自己有好感。同時，還要盡量把自己的缺點隱藏起來，切勿暴露在客戶面前，以免影響整個大局。平素不善於交際，不太會說話的人，此時為贏得客戶的好感，也要設法開口；平常話太多，以致惹人生厭的人，此時就必須收斂些，以免客戶不耐煩。總而言之，在銷售商品之前，必須先銷售自己，此為商場競爭必備的信念與原則。

相對地，客戶初次接見前來拜訪的銷售員，其內心的緊張情形也是一樣的，唯恐來訪者知道得太多，而視其一文不值，瞧不起他。總之，雙方在初次見面時，彼此為了保護自己的利益，都有一種言不由衷的心態。

解除首次會面的緊張尷尬狀態以後，銷售員才可以安心，仔細揣度客戶的人品性格，之後才會略有所得。此時，他又會聯想到客戶對自己的印象究竟如何？假如客戶對自己的遊說，產生興趣，或許也會對所銷售的商品深表信任。基於此種信心，他每天先到這家公司拜訪，或以電話不斷聯繫，以期生意可以談成。此種熱誠的銷售態度，是值得欣賞的。或許在這三四次與客戶接洽後，彼此會建立親密的關係，有些人覺得這種關係可以幫助銷售員順利推進，但是有些人虎頭蛇尾，只圖有好的開始，而無法善終。

有一位著名的建築設計事務所所長曾經說：

「在我經營的事務所裡，曾經有很多人拿著介紹信跑來，想要銷售建築方面的材料，例如：瓷磚、壁紙、裝潢用品、電工器材、油漆，我為了多瞭解一些銷售方面的情形，所以凡是來求見者，一概不答應。在這些銷售員提供的產品中，不乏品質精美而價廉物美的商品，而且幾乎可以立刻成交。可是，在初次見面時，我絕不輕易點頭，必須等到見面兩三次後，我才可以大概瞭解那些人的品性如何，是否值得信任。等到第四次見面後，其態度依然親切誠懇而無不耐煩的人，我才願意與他交往。我發現許多會察言觀色的人，往往在第二次見面時，就已經瞭解我的個性，懂得我的喜好與興趣所在。此種試探銷售的方法，確實可以得到值得信任的產品。」

由以上這段話看來，身為銷售員，態度一定要誠懇，而且必須持之以恆，切勿虎頭蛇尾，有始無終。為了不斷超越，銷售員必須隨時提醒自己不要原地踏步，警示自己「越是在嚴苛的情況下，人越會變得堅強。」

深入研究本公司產品

對一個專業的銷售人員來說，產品的更新速度快、公司培訓跟不上等藉口，都不應該阻止你去掌握自己銷售產品的知識。任何工作都一樣，只有努力去鑽研和學習，才可以掌握比別人更多的知識，自己的工作才可以更出色。對你來說，客戶是透過你而瞭解產品知識，你如果不精通，如何可以解決客戶的疑問？

應該從以下兩個方面鑽研產品的知識：

研究產品的基本知識

- 產品名稱
- 物理特性，包括原料、質地、規格、美感、顏色、包裝
- 產品功能

- 技術含量，產品所採用的技術特徵
- 主要部件的品質
- 生產過程及生產工藝技術
- 產品的規格型號
- 產品的使用，產品的維修與保養
- 產品的售後保證措施
- 產品價格和付款方式
- 運輸方式

消費者詢問產品的基本構成情況時，銷售人員不必急於向消費者發出銷售進攻，因為消費者此時只是想瞭解更多的基本資訊，而不想迅速做出決定。此時，如果銷售人員表現得過於急功近利，反而會引起消費者的反感，不利於彼此之間的進一步溝通。

所以，在分析產品的基本構成情況的時候，銷售人員的表現更應該像一個專業而沉穩的工程師，應該客觀冷靜地向消費者介紹產品的構成、技術特徵、目前的技術水準在業界的地位……此時，銷售人員介紹產品的語言一定要力求簡潔明朗，不要向消費者賣弄難以理解的專業術語。

此時，銷售人員對產品的基本構成分析得越是全面和深入，表現得越是從容鎮定，給消費者留下的印象就越是專業和可靠。建立在這個基礎上的客戶溝通，就會比喋喋不休地對產品進行華而不實的宣傳更順暢。

掌握產品的訴求重點

（1）**產品的品牌價值**。隨著品牌意識的普及和提高，對於很多領域內的產品，消費者都比過去更加注重產品的品牌知名度。

（2）**性價比**。這是理智的消費者購買產品時考慮的一個重要因素，在購買某些價格相對較高的產品時，消費者對這個因素的考慮將更加深入，會與同類產品的品質進行相互的比較。

（3）**產品的服務特徵**。產品的售後服務已經越來越受到人們的普遍關注，可是產品的服務絕不僅僅指售後服務，還應該包括銷售之前的服務和銷售過程中的服務。

（4）**產品的特殊優勢**。例如：產品蘊含的某種新型科技含量、在新功能上的創新等。你要很清楚這種優勢，這是你產品的價值，這一點很重要。

（5）**獨特的賣點**。即獨一無二的部分，你要熟悉。如果你不熟悉這些，你賣的時候肯定沒有力度。既然是獨特的賣點，那必定是別人不可替代、不可複製、獨一無二的，同時又是客戶需要的，這需要向客戶腦海裡重複地輸入。

（6）產品的差異性。永遠不要說競爭對手的壞話，但是要說自己與競爭對手的差別，這個差別是什麼？

所有的消費者在購買產品時都會關注產品為自己帶來的價值，沒有價值的產品，消費者是不會考慮購買的。所以，銷售人員必須站在客戶的立場上，深入挖掘自己所銷售的產品到底能為客戶提供什麼樣的價值，以及多大的價值。如果銷售人員不瞭解產品的實際價值，消費者就不會對這樣的產品有任何信心。

深入研究產品的價值取向

產品的價值取向是指產品可以給客戶所帶來的價值。構成產品使用價值的因素有以下幾個方面：

產品名稱

一個好的產品名稱能吸引客戶的眼球，給客戶一種賞心悅目的感覺。大多數客戶是透過銷售員的表述獲得產品的名稱。雖然銷售員不能選擇產品的名稱，但如何將產品的名稱透過詮釋表現出它自身的優勢和親和力，是銷售技巧所在。

產品的形象

在眾多的產品中，產品的形象、市場佔有率處於有利的地位，這是促使客戶購買的重要因素，也就是經常說的打造產品的品牌。

功效比

產品在功效上（或其他方面）表現出的與眾不同之處，這就是客戶購買的直接原因。例如：手機配有錄影功能，可以拍攝高清晰畫面。

價格性能比

透過產品說明書的性能參數可以確定產品的性能。價格性能比是客戶確定是否購買的依據。

服務

提到服務，大多數人會認為是售後服務。其實，服務是指在銷售過程中給客戶帶來的信心和方便，可以讓客戶在購買過程中得到一種享受，而不是單純的交易行為。當然，售後服務也不能忽視。

總之，客戶購買產品的根本行為是由產品價值的綜合取向決定的，而不是因為一兩個方面。不同客戶的購買動機都有不同，真正促使客戶購買的因素是產品帶給客戶的利益。只有綜合價值的某一方面或多方面可以滿足客戶的需求，客戶才會購買此種產品。

不斷瞭解產品的相關動態

銷售人員對產品相關知識的掌握其實是一個動態的過程，銷售人員必須要不斷地取得和商品相關的各種資訊，並且學會從累積的各種資訊中篩選出商品對客戶的最大效用，進而最大限度地滿足客戶的需求。

銷售員要對所推銷產品的品種、規格、性能、結構、用途、用法、價格和維修保養等都比較瞭解，並能親自動手操作，進行示範表演，最好還會一些修理和排除故障的工作。

某些類型的產品，例如：電子和電器產品的更新速度非常快，但是由於太忙，以及公司教得不仔細等理由，使多數銷售人員無法專精於自己銷售的產品。

對於一位銷售人員，把這些當作理由，可以說是不合格的。任何種類的工作都一樣，想要專精，都要靠自己的意志力以及努力去學習，才可以使其成為自己的東西。你專精的商品知識不是為公司學習，而是為自己學習，因為你的工作是透過你的商品知識給客戶利益，協助客戶解決問題。因此，你必須刻意地、主動地、從更廣泛的角度專精於你的商品知識。只有詳細瞭解產品，產品蘊含的價值才可以透過你自己的銷售技巧表現出來。

全面掌握公司的情況

有些推銷員認為，客戶購買的是產品，又不是公司，所以總是忽略對公司相關情況的瞭解。其實，對於客戶來說，銷售員代表的就是公司，如果銷售員對有關自己公司的問題無法迅速做出明確回答，很容易給客戶留下「這家公司的影響力不夠大」或是「這家公司的名聲不太好」等印象。

為此，銷售人員應該對公司的具體情況加以必要地瞭解，例如：應該瞭解公司的長遠發展目標或未來發展方向、公司最近的某些重大舉措及其意義、發展歷史、規模、經營方針、經營特點，以及在同行業中的地位、過去取得的重大成績、公司主要管理人員的姓名，隨時注意宣傳和維護企業的形象。

熟悉行業情況，尤其是競爭對手的各種資訊

開放市場中，每個企業都有競爭對手，客戶已經注意到日趨嚴重的產品同質化現象——越來越多品種的同類產品，客戶購買產品的時候，就會貨比三家。作為銷售人員，要具有豐富的行業知識，以回答客戶的問題，消除客戶的疑慮。

其實，瞭解競爭對手的相關資訊，不僅是應付客戶提問的需要，也是銷售人員更全面地把握本企業產品的需要。如果沒有與競爭對手各項情況的比較，銷售人員就無法明確本企業產品的競爭優勢，也無法向消費者傳遞出最有效的產品價值特點。

韓國一家洗車機企業的銷售總監保羅，有一次，親自接待一位來自中國的客戶，這位客戶準備在中國獨家經銷保羅的產品。對方有備而來，擺出一副咄咄逼人的架勢：「為什麼你的產品一台售價兩萬元，市場上同類產品售價只有八千元？憑什麼說你們的產品省水，比用水洗車的機器好在哪裡？這麼貴的產品，而且是新的工作原理，怎麼才可以把它銷售出去？」

對於他的問題，保羅已經做好充分的準備：「產品售價高，第一在於它非常省水，是市面上最省水的洗車機，洗一輛汽車只需要一杯水，剛制定的關於限制洗車用水的法規，使省水已經成為大勢所趨。第二在於它的主要零部件全部由德國和日本製造，精密的零部件可以使設備的壽命長達七年，比同類設備高出兩倍。此外，政府鼓勵企業從事環保產業，有相應的政策和資金的支持，我們可以向銀行申請貸款。請問，你還有其他問題嗎？」

在保羅的回答中，不僅包含對競爭對手的分析和國家政策的掌控，而且提出產品銷售的思路。在正式簽約之後，這位客戶購買一百台洗車機。

盡可能地熟悉對手

對一個銷售員來說，熟悉自己銷售的產品，是最基本的條件。此外，銷售員還須瞭解競爭者的產品與活動。作為一個銷售員，不僅要知道本企業的資源與實力，瞭解目標市場上客戶的需要，而且還必須知道競爭者的實力和戰略。從世界範圍來看，市場競爭日趨激烈，特別是一九七〇年以來，各行各業都面臨激烈的競爭。想要取得銷售工作的勝利，銷售員必須隨時注意分析競爭者的動向，掌握競爭市場的態勢，據以制定競爭性銷售策略。銷售員要經常把自己的戰略、策略與競爭者相比較，從中發現潛在的有利因素與不利因素，預測發展變化趨勢，進而使自己的銷售策略與銷售環境保持協調和適應。

銷售員銷售的產品，無論是好幾百家公司都可以生產的產品，例如：印刷業產品和保險業產品，還是屬於高度集中的行業，即只有少數幾家公司可以壟斷生產的產品，例如：鋼鐵製造業產品和有色金屬冶煉業產品，都會遇到競爭對手，競爭是不可避免的。而且你要知道，每一種產品都有可能被別的產品替代。所以，作為一個有效率的銷售員，必須瞭解有關競爭者的狀況。

為了有效地分析競爭者，首先要知道誰是自己的主要競爭對手，然後分析判斷他們的目標和策略，他們的優勢和弱點以及他們對競爭的反應模式。但是你要知道，想要瞭解所有競爭者公司、產品和商業活動的詳細情況，幾乎是不可能的事情。你必須瞭解的是，競爭者的產品與活動中某些可能已經成為他們銷售重點的顯著因素，以下列舉出幾個比較重要的因素：

- 競爭者的銷售員和他們的經歷
- 競爭者的價格和信用政策
- 競爭者的銷售策略
- 競爭產品或服務有哪些優缺點
- 競爭者在一致性的品質管制、交貨日期履行承諾以及服務等方面的可靠度
- 有關型號和色彩以及其他特殊規格等競爭專案的應變能力
- 競爭廠商在銷量、商業信譽、財務的健全程度，以及發展研究活動上的相對地位
- 競爭者的未來發展計畫

像研究自己一樣研究客戶

如果你下定決心從事銷售工作，首先必須真正關心客戶的想法和需要。這一點可能沒有得到普遍的認識，但是作為一個銷售員，就要比別人更深入地瞭解客戶的內心世界。

作為一個銷售員，面對的是目標客戶真正的欲望和動機，因為客戶買一件商品的時候不僅表現他此刻的需要，而且從這件商品上，我們還可以瞭解到對方屬於哪種類型的人。

只是認識還不夠，聰明的銷售員還要知道如何利用，即什麼時候應該忽視，什麼時候應該丟棄這些動機。只有在銷售中同時考慮到這些問題的銷售員，才可以真正獲得成功。

銷售員最好的一個工作方法是：為自己的客戶做一些額外的事情。想要感動客戶，就要先感動自己。一個好的銷售員就是一個好的演員，必須隨時瞭解什麼是觀眾需要看的，在什麼時候想要看什麼。這就要求銷售員可以像研究自己一樣去研究客戶，隨時站在客戶的角度上考慮問題。你必須要知道每個人的目的，每個人的個性和動機，也應該知道自己正在與哪種類型的人打交道，這種人都有什麼嗜好，他的個人背景是怎樣的，他對你產品的興趣有多大，他是不是渴望第二次見到你，除非這些問題都可以得到很好的回答，否則你最好放棄這筆生意。

除非購買者發現自己真的買到好產品，否則就不是一次成功的銷售。從某種意義上說，銷售員和客戶是兩個互相依賴的人，每個人都有對方需要的東西，也都必須努力滿足對方的需求。

銷售的藝術可以表現得很狹窄，也可以表現得很廣泛。像其他任何行為一樣，冷漠和缺乏想像力都會限制銷售員的個性和表現，而且每種限制都是致命的。

其實，一個真正的銷售員，無論他在哪裡，無論他去哪裡，總是會對自己說：「這裡有我的工作。」無論在個人生活、城市還是國家中，銷售員都佔有非常重要的地位，優秀的銷售員可以發現並且認識到這一點。

如果一個銷售員可以將哲學引入銷售中，如果他可以對自己說，他和同行們正在為了滿足現在和將來的需求而努力工作；如果他可以對自己說，成千上萬的銷售員們為了滿足這些或大或小的、或重要或不重要的需求做出巨大的貢獻——如果他可以認識到這些，就會擁有更多的成功和快樂，也會獲得更大的回報。

成功的銷售員理解謙虛的真諦，他們是勤奮工作而誠實可信的人，而且相信自己從事的工作就是提供服務，而且很有意義。其實，他們這些品格都是良好人際關係的基礎，會無形地存在於成功的銷售中。

拓寬資訊管道

掌握更多的客戶資訊，可以使銷售員在銷售過程中更好地駕馭客戶，對客戶提出的問題得心應手，掌握的資訊多了，溝通起來共同點也就多了，與客戶的關係也會在溝通中變得密切，有感情做基礎，生意談起來也更加容易。銷售員應該怎樣收集資訊？

銷售之前多打聽

在實際銷售期間，隱瞞真正利益、需要和優先事項經常是一方或共同的策略。採取這個策略的理論基礎是因為資訊就是權力，尤其是在銷售員無法完全瞭解對方的情況下。舉一個簡單的例子：人們買衣服的時候，即使對某件衣服很有興趣，也不會立刻表現出來，而是表現出漫不經心的樣子，認為如果被銷售員知道，價格很難降下來。因此，如果銷售員可以知道對方的真正需要和他們的極限與截止期，銷售員就會佔很大優勢。這些資訊想要在銷售進行期間從圓滑的對方嘴裡獲取，則是難上加難。

打聽要顯出心神不安和毫無戒心

有些人認為，對人越施恐嚇或越顯得滴水不漏，別人越可以告訴自己真實的東西。其實正好相反，銷售員應該多聽少說，寧問勿答，還要多問些自己已經知道答案的問題，因為這樣可以檢驗說話人的可信度。此外，銷售員越顯得無知，越可以得到幫助，越可以得到更多的資訊和建議。

向與銷售對手有關係的人收集資訊

向與銷售對手一起工作的或為他工作的人，或是跟他交往過的人，包括：秘書、職員、工程師、門房、配偶，以及之前的客戶收集資訊是非常可靠的。現實中，跟對方的有關人員直接接觸幾乎是不可能的，在這種情況下，銷售員就要透過協力廠商，利用電話詢問，或是找以前跟對方談過生意的人瞭解，每個人都有成功之處，銷售員可以學習他們的成功經驗。

向對方的競爭者收集資訊

透過對方的競爭者，銷售員可以瞭解到有關成本費用等資訊。作為買方，知道賣方的成本費用以後，就可以在銷售價格上佔據優勢。這種資訊可以從出版物，包括政府和民間的刊物中獲取。銷售中的溝通層次有兩種：一是直接攤在桌面上的資訊，二是透過非正式管道傳達的資訊。非正式管道獲得的資訊是非常必要的。因為，一方面，買方必須表現得很強硬才可以滿足創建這一方對他的期望；另一方面，買方必須在對手面前表現得溫文爾雅，對方才願意在協議上簽字。這種雙向的衝突，使買賣雙方都很難為，但是這種難言之隱也使得雙方因處境接近而拉近距離。不是所有該說、想說的話都可以在談判桌上明說，因此透過非正式管道溝通資訊，或許可以使雙方的衝突降低。如果某個問題透過非正式管道向對方表達而不為對方接受，陳述問題的一方也不會感到有失顏面。但是如果意見在正式場合提出而遭到拒絕，就會損傷雙方的談判情緒。

收集資訊有一定的技巧和方法，銷售員想要獲得更多準確的資訊，就要做到以下幾點：

第一，多用心看。就是培養銷售員敏銳的資訊洞察力。資訊工作是一項涉及面廣、知識性和政策性很強的工作，人們每天都可以接收到大量的資訊資料，但人們不可能把所有的資訊全部接受。面對錯綜複雜的資訊，只能細心地觀察，透過現象看本質，撥開迷霧抓要害，透過敏銳的觀察力來捕捉各種能為銷售決策提供依據和參考的資訊。要真正做到，不為繁雜的資訊所困擾，不被萬變的現象所迷惑。

第二，善於思考。就是培養銷售員靈活的資訊收集和捕捉能力。銷售員不應該只被動地接受和利用從現實生活中所反映出的情況，應該主動地、廣泛地收集和捕捉資訊。在捕捉資訊的過程中，經過思考、加工，篩選出有價值的資訊。銷售員應該怎麼做？

（1）站在主管的位置上思考。預測到銷售決策的需要，就應該主動地對各種資訊進行比較，透過比較才可以對原始的、零星的資訊進行分析、歸類，由小到大，由低到高，由點到面，整理出完整的資訊。

（2）資訊內容要立足於新。不保留每個人都知道的陳舊資訊，刪除不真實的資訊，對一些有疑惑但是有價值的資訊，結合情況進行查清補充。

（3）角度上要突顯特色。包括工作特色、經濟特色、區域特色，形成特色性資訊，只有具備捕捉資訊的意識，才可以透過不同管道、不同層次、不同方法、不同人員，獲得各種有用的資訊。只要處處留心、認真分析，就可以挖掘出潛在的有價值資訊。

第三，要勤快。就是培養銷售員準確地篩選、整理資訊的能力。在接觸到的資訊資料中，很難立刻分辨出哪些資訊有用，哪些資訊無用。各種紛繁複雜的資訊經常混雜在一起，各種情況都可能出現，這就需要銷售員熟練地對原始資訊進行多次分析、認真識別和判斷，去偽存真，去粗取精，從眾多的資訊中抓住最有價值的資訊，可以從以下幾點進行嘗試：

（1）細緻篩選。銷售員要對資訊資料加以分析，找出不全面、牽強附會的資訊，把不完整的資訊進行補充說明，從真實性的角度進行分析檢查，找出疑點，發現問題，把個別的、零碎的、不系統的資訊過濾掉，使模糊度和多餘度降到最低限度。

（2）準確整理。資訊工作人員要經常對篩選過的資訊資料進行有序的、系統的、綜合性的融合，透過歸納、排序、分析研究等方法，提煉、推導出一些有價值的資訊，使資訊更加系統、精煉，具有較高的準確性和廣泛的適用度，可以真正揭示和反映事物的內在聯繫和內在規律，以便成為銷售決策的依據。

努力挖掘自己的潛能

如果自信是銷售成功最關鍵的一步，潛能在這個關鍵一步中的作用是顯而易見的，甚至是最重要的，因為自信是挖掘自身潛能的第一步，一個人只有自信，才可以充分認識自己，並且不斷發現自己。我們之所以提倡改造自己，有一個充分的理由是：自己本身潛能巨大，自身的力量遠未被拓展、開發出來。

艾倫，一位已經被醫生判定為殘障的美國人，依靠輪椅代步已經三十年，他的身體原本很健康，在越戰中，被流彈打傷下背部，被送回美國治療。經過治療以後，他雖然康復了，卻無法行走。他整天坐在輪椅上，覺得此生已經結束，經常借酒消愁。有一天，他從酒館出來，照常坐輪椅回家，卻遇上三個劫匪，動手搶他的錢包。他拼命吶喊，拼命反抗，卻觸怒劫匪，他們竟然放火燒他的輪椅。輪椅突然著火，艾倫竟然忘記自己的雙腿不能行走，他拼命逃走，求生的欲望竟然使他一口氣跑了一條街。事後，艾倫說：「如果當時我不逃走必然被燒傷，甚至被燒死。我忘了一切，一躍而起，拼命往前走，以致停下腳步時，才發現自己會走動。」現在，他已經在紐約找到一份工作，而且身體健康，與正常人一樣。

每個人都有一座潛能金礦，蘊藏無窮，價值無比。但是，由於各種束縛，每個人的潛能從沒得到淋漓盡致的發揮。只要發揮足夠的潛能，一個平凡的人也許也可以成就一番事業，也可以成為一個新的「愛因斯坦」。銷售員一定要相信自己潛能無限！

我們的才華就像海綿中的水，沒有外力的擠壓，絕對無法流出來。膽怯距離自己越近，成功距離自己越遠。

尋找一切機會，給自己「充電」

你應該知道，不管你多麼精明能幹，隨時都會有人準備取代你，這些人也許比你更加精明，更加鬥志昂揚，在銷售上也可能比你更有方法。因此，你必須加以注意，細心觀察，從他們那裡學習到你沒有的技巧和方法，從他們那裡得到重要的啟發，改進你自己的工作方式。

「山外有山，樓外有樓」，不可自以為是，認為別人不如自己，這樣就會讓自己吃虧。你要知道，這些人無時無刻不在處心積慮地突破你過去的銷售成績，超越你的地位。這個事實，你必須牢記在心，不斷鞭策自己虛心學習，加倍努力。

為了提高成交率，你的反應必須非常敏捷，對於任何問題，都要瞭解其要領及重點，必須多方研究和學習。這樣獲得的知識更有助於你應付客戶。擁有多方面的知識，可以豐富交談的話題，讓彼此心情愉快。這種共識的基礎也可以成為客戶和銷售員之間成交的跳板。因此，你應該努力學習各種知識。為了瞭解各種客戶的心理，你應該學習心理學；你還可以從公共關係學中吸取與人交往的知識和技巧；你還應該在社會學的範疇內，研究人的行為模式、習慣以及不同年齡反映在性格上的差異……你應該使自己成為一個知識全面的銷售員，這會使你在銷售時，在各種場合下，遇到各種人都可以自信、從容、胸有成竹。

此外，不要忘記向自己學習，向你自己的成功學習寶貴的經驗，向你自己的失敗學習不可多得的教訓。你可以將你所經歷的最富代表性的銷售事件記錄成一個銷售案例，對它加以研究，你會發現很多有用的東西；你還可以經常將你已經完成的某個銷售事件拿來，放在腦子中，從前到後過一遍，保留令你滿意的細節，將你不滿的地方加以修改，使整個事件趨向完美；你還可以用一個案例作為藍本，變化各種條件，制定不同的銷售策略。有時候，這種「紙上談兵」的方法可以達到意想不到的效果。這就像參加考試一樣，你首先應該複習，在複習中把各種可能的情況都盡量考慮到，考試的時候才可以得心應手。對於銷售員而言，面對真正的客戶就是一場考試，學習各種知識，就是這場考試的複習，充分複習才會有好成績。

向客戶學習

不管客戶是誰，在什麼地方銷售，銷售員都要滿懷信心地面對客戶，發揮自身的潛力。客戶任何不滿的情況，都是學習的好資料。這些將使銷售員成為更精明、更傑出、更一流的銷售員，因此必須虛心而努力學習，「閉關自守」的銷售員是不會成功的。所以，首先應該向客戶學習，從客戶的不滿和疑問中，從客戶的交易習慣和方式中，從客戶的言談舉止中，學習自己認為有用的東西。

為了更好地向客戶學習，應該建立聆聽客戶意見的管道，當客戶購買產品時，客戶是支持這個產品的，但是產品出現問題的時候，不一定是品質問題，也有可能是一些關於產品的建議，客戶找不到或是很難找到管道和廠家進行交流時，心中總會有點失落，針對這一點而言，建立網路平台是非常明智的做法。

善於向行業高手取經

進步最快速的方式，就是跟行業第一學習。假如你要學籃球，為什麼不讓麥可・喬丹來教你？因為只有他知道如何成為麥可・喬丹，因為別人畢竟不是麥可・喬丹。假如他不能教你，還有誰可以？

世界首富保羅・蓋地石油大王出了一本書叫作《如何致富》，當時成為全美暢銷書。為什麼？因為他是全美首富，是世界首富，假如你想要致富，世界首富無法教你如何致富，還有誰可以？

銷售高手布萊恩・崔西說：「對銷售我不感到畏懼，但是僅僅努力工作是不夠的，有時候我打了好幾百個電話也沒有賣出任何東西。過去我經常挨家挨戶跑寫字樓進行推銷，這樣我能接觸到更多的人，我很少讓自己閒下來。

「直到有一天，我開始問自己：『為什麼有些銷售人員做得比別人成功？』我聽說，在每個領域，位於前二〇％的銷售人員擁有八〇％的財富，位於前一〇％的銷售人員賺得更多。

「我找到公司銷售工作做得最好的人，問他做了哪些與我不一樣的事情，他告訴我如何提出問題、如何做銷售陳述、如何回應別人的異議以及如何處理訂單，後來我按照他教我的這些做，我的銷售業績很快提升了。

「每天早晨出門前，我開始花一至兩個小時時間研究銷售對象。我的銷售業績增長得更多。然後，我聽了很多音訊節目，參加銷售研討會，從中學到許多東西。於是，我不斷地聽音訊節目，參加任何一個我知道的研討會，學習最好的銷售人員多年來累積的成功經驗與技巧，我的銷售業績隨之不斷提高。不到一年時間，我從挨家挨戶推銷，每星期做一兩筆交易，到管理一個跨國的銷售公司。其實，我進步的秘訣很簡單，那就是觀察其他頂級銷售人員是如何進行銷售的，然後跟他們做同樣的事情，這樣我也可以取得和他們一樣好的成績。這種方法很有效，很多人都曾嘗試過，它同樣也會對你很有效。」

可以參加的培訓，一律參加

沒有經過銷售培訓的人，很難成為銷售冠軍。銷售培訓不僅能教給我們如何接觸客戶，如何向客戶作產品展示及說明，如何處理客戶異議，如何促成簽單，而且可以讓我們學會分析不同性格客戶的購買心理和特點，對症下藥。

參加專業行銷的研討會和培訓課程；請教其他人，他們參加過的最有幫助的課程是什麼；向你周圍的人積極地尋找培訓機會，如果需要，準備好到比較遠的地方接受培訓。

布萊恩・崔西說：「據我所知，很多頂級銷售人員會搭乘飛機去參加銷售會議，這些培訓或會議對他們銷售業績的積極作用又是那樣令人驚奇。我的人生，以及我認識的許多拿高薪的專家們的人生，都曾經因為參加某個銷售課程、銷售訓練營，或是銷售研討會而有戲劇性的改變。有時候，一個教程當中所包含的思想和策略，會將一貧如洗的人推向極為富有的行列。」

閱讀自己所在領域的書籍

不斷地閱讀你所在領域的書籍。每天早晨早早起床，讀一個小時關於銷售知識的書。將報紙放在一旁，關掉電視，讀一本關於行銷策略的好書，劃出重點，並做筆記，找到你可以立刻付諸實踐的一個可行觀點，在大腦中反覆考慮這個主意。設想一下你將其運用到銷售活動中。然後，花一整天時間對你早晨所學到的銷售策略進行實踐。

答案很簡單，開始的時候，請頂級的銷售人員為你推薦幾本書，幾乎所有的頂級銷售人員都有自己收集的一些行銷書籍。市場上現有的行銷方面的印刷品也種類繁多，根據你目前所處的層次，找一些相應的書籍來閱讀，會對你的幫助很大。

某個領域一流的銷售員，他每年的固定收入是十萬美元，並且非常受他的老闆及同事的尊重。他的老闆督促他聽崔西的影片課程——「銷售心理學」。起初，他拒絕老闆的要求，他說自己不需要聽這樣的課。後來由於拗不過老闆，他買了那套課程，想聽一遍之後就退還回去。

但是，在聽過一次之後，他開始反覆收聽。那一年，透過實踐這套課程中所說的方法，他將個人收入提高七萬美元，而購買課程僅僅用了七十美元。

不斷汲取行業以外的其他知識

除了向高手學習銷售方面的知識以外，還要學習產品知識，學習行業以外的其他知識，例如：文藝、體育、政治等知識，這些都是與客戶聊天的話題。

培訓師比爾在行銷培訓之外，與接受培訓的客戶討論企業管理和人才戰略等話題，讓客戶對他刮目相看。

他們說：「有很多知名的培訓師，他們講授的課程很好，稱得上是稱職的培訓師，但是離開培訓話題，就什麼也不敢說。但是你不一樣，你對企業管理和人才戰略等行銷之外的話題也非常有見識，真是不簡單！」

得到這樣的評價是意料之中的事情，因為比爾隨時注意展現一個行銷者的知識魅力。

這個故事是否可以給我們一些啟示？

是的，所有的銷售人員掌握必需的專業知識以後，勝出者往往會依靠別人欠缺的知識來增加個人魅力。

每天進行自我反省

銷售員的自我反省是非常重要的。不會反省的人只會像無頭蒼蠅一樣，到處亂撞而沒有任何意義。不會反省自己就不會獲得提升，一直原地踏步，怎麼可能成功？

從前，在一個不知名的山村中，住著一戶姓楊的人家，靠在村旁種田過日子。這戶人家有兩個兒子，大兒子是楊朱，小兒子是楊廣，兩兄弟一邊幫父母耕地和挑水，一邊勤讀詩書。兄弟兩人都寫得一手好字，交了一批詩文朋友。

有一天，楊廣穿著一身白色乾淨的衣服興致勃勃地出門訪友。在快到朋友家的路上，不料突然下雨，雨越下越大，楊廣正走在山間小道上，只好頂著大雨跑到朋友家。他們是經常在一起討論詩詞、評議字畫的好朋友。楊廣在朋友家脫掉被雨水淋濕的白色外衣，穿上朋友的黑色外套。

朋友招待楊廣吃飯，兩人又談論詩詞和字畫。他們越談越投機，不覺天色已暗，楊廣把自己被雨水淋濕的白色外衣晾在朋友家裡，自己穿著朋友的黑色衣服回家。雨後的山間小道雖然是濕的，但是由於石頭鋪得很多，沒有淤積的爛泥。昏暗中，彎彎曲曲的山路還是明晰可辨。

他一邊走著，一邊沉浸在與朋友暢談的快意裡，不覺已到家門口。這個時候，楊廣家的狗不知道是自家主人回來了，猛衝出來對他「汪汪」直叫。須臾，那隻狗又突然後腿站起、前腿向上，似乎要朝楊廣撲過來。楊廣被自家的狗突如其來的狂吠聲嚇了一跳，十分惱火，他立刻停住腳向旁邊閃了一下，憤怒地向這隻狗大聲吼著：「瞎眼了，連我都不認識了！」於是，順手在門邊抄起一根木棒要打那隻狗。

楊朱聽到聲音，立刻從屋裡出來，一邊阻止楊廣，一邊喚住正在狂叫的狗，並且說：「你不要打牠啊！你想想看，你白天穿著一身白色衣服出去，這麼晚了，又換了一身黑色衣服回家，假若是你自己，一下子能辨得清嗎？這可以怪牠嗎？」楊廣不說什麼，冷靜地反省，覺得哥哥講得有道理，事情的起因確實是自己。

靜坐常思己過，失敗了，首先要從自身找原因，是不是在面對客戶的時候有做得不對的地方？不要把責任推給別人。如果不能發現自己的錯誤，推銷的時候難免經常受挫。只有每天對自己的工作進行反省，發現自己的銷售缺陷，並且加以改正，才可以使自己不斷得到提升。

做時間的主人

成也時間，敗也時間。成功的人，合理安排和利用時間取得成功；失敗的人，不懂時間的可貴，只能徒嘆光陰易逝。

時間是財富，應該規劃好自己的時間，做時間的主人，以下是管理時間的幾個方法：

做好時間計畫

將每一天分解成幾個部分，做好時間計畫，讓擁有的每個時刻都去做富有成效的事情，這樣才可以充分有效地利用每一天。

給自己制定一份切實可行的日程表，並且嚴格執行日程表，是一個老牌銷售員的基本素質。出門辦事之前要盡量打電話與辦事部門進行交流，溝通情況，交換資訊。打電話前要有所準備，列好要問的幾大問題，通話時要直奔主題。腳踏出房間的最後一秒，審視一下自己要帶的全部物品，看是否有遺漏。要學會限制時間，不僅是給自己，也是給別人。該離開時就要堅定不移地告訴對方。他的時間或許很充裕，但自己的時間絕對不是。避開高峰，避免在高峰期乘車、購物、進餐，這樣可以節省許多時間。

不做「一分錢智慧幾小時愚蠢」的事情。為省一元而苦等非空調車，為省兩毛錢而排半小時隊，都是極不划算的。要有經營時間的概念，隨時算算時間「成本」。

把握八〇／二〇法則

應該把精力用在最見成效的地方，所謂「好鋼用在刀刃上」。

美國企業家威廉・莫爾在為格利登公司銷售油漆時，第一個月只賺了一百六十美元。他仔細分析自己的銷售圖表，發現他的八〇%收益來自二〇%的客戶，但是他卻對所有的客戶花費同樣的時間。於是，他要求把他最不活躍的三十六個客戶重新分派給其他銷售員，而自己則把精力集中到最有希望的客戶上。不久，他一個月就賺到一千美元。

莫爾從未放棄這個原則，這使他最終成為凱利-莫爾油漆公司的主席。立刻動手做，許多人常以「現在沒心情」作為不做事的藉口，即花費很多時間來「進入狀態」，卻不知狀態是做出來而非等出來的。

利用路上的時間

有時候，不是存取時間決定效率，而是用在路上的時間——上班路上的時間、從公司到達現場的時間以及往來客戶之間的時間——影響活動的效率。

上、下班時間，路上交通非常擁擠，這是有目共睹的事實，所以應該盡量避免在此時去拜訪客戶，如果非去不可，最好是繞道而行，如此才不至於在路上浪費太多的時間。

某個銷售員早晨要去拜訪兩位客戶，一個在城東，一個在城西，這當中浪費在路上的時間就很多了。所以聰明的銷售員都善於安排自己的路線，盡量把在同一區域的客戶集中在同一個時間段來拜訪。

如果每天上班在路上需要三十分鐘，一個星期上班五天，五十個星期總共花在上班路上的時間是兩百五十個小時，等於每年花掉超過六個星期每天八小時的工作日。

提高拜訪效率

注意，銷售員的時間計畫表上的所有事項並非同樣重要，因此不應該對它們一視同仁。如果在開始進行表上的工作時，未按照事情的輕重緩急來處理，就會導致成效不明顯。標出急需處理事項的方法是：製成兩張表格，一張是短期計畫表，另一張是長期優先順序表，然後按照重要的程度，在事項旁邊加上標記，例如：a、b、c。在確定應該做哪幾件事之後，必須按它們的輕重緩急開始行動。

勞逸結合

從生理學觀點來看，人的全身是一個整體，各個部位之所以能和諧地運動，全靠中樞神經系統的調節。神經細胞活動時，消耗細胞內的物質；當它處於抑制狀態時，能透過生化使細胞更生恢復，消化血液中帶來的養分。如果興奮狀態持續下去，興奮的物質得不到補償，神經細胞就會死亡。因此神經細胞的工作能力具有一定的限度，有一個臨界強度值。如果工作持續太久，超過這個臨界強度值，就會出現效率曲線的下滑。這個時候，就要用其他的行為方式加以適當調節，才可以保證工作的持久性和效率。因此，勞逸結合，適當休息顯得十分重要。不能把休息僅僅理解為睡眠，休息還包括文娛體育活動、散步、旅遊等有益身心的活動，鍛鍊身體是積極的休息。

利用最佳時間

一個人在一天二十四小時中，精力各不相同，不同的人又有差別。有些人早晨精力好；有些人可能晚上精力好；有些人凌晨起床後半小時最容易激發創新意識；有些人喜歡把重大問題放在早餐以後考慮；有些人擅長連續思考，思緒高潮往往在連續思考開始後一小時左右出現。據統計，大約五〇%以上的人的活動性在一晝夜之內有顯著變化。其中十七%的人早晨活動性強，三三%的人在晚間活動性最強。我們把銷售效率最高、活動性最強的那段時間稱為最佳時間。獵豹懂得在活動性最強，也就是在最佳時間中追逐獵物，銷售員更應該懂得這一點。

提前休息

在疲勞之前休息片刻，既避免因過度疲勞導致的超時休息，又可使自己始終保持較好的「競技狀態」，進而大大提高工作效率。擱置的哲學是指不要執著於解決不了的問題，可以把問題記下來，讓潛意識和時間去解決它們。這就有點像踢足球，左路打不開，就試試右路，總之，盡量不要「鑽牛角尖」。這也是很好的時間管理方法。

讓時間更有價值

對待時間的態度很大程度上決定一個人獲取財富的多少，一個珍惜時間的人，把時間都投資在有意義的事情上，就可以獲取更多的財富，以下方法可以讓時間更有價值：

充分利用等候時間

銷售員拜訪客戶時，也許客戶正好有事出去而不在家，這個時候不可以呆坐在椅子上無所事事，應該好好地利用這段時間。此時，也不可以將精神鬆懈下來，必須隨時準備客戶進來，做好立刻能應答如流的準備。

時間安排不要太緊

在時間計畫上重要的一步是不要過分安排自己的事情。如果把一天的時間都安排的滿滿的，沒有一點空閒，一旦出現一種不可預料的危機或機會該怎麼辦？是不是日程全部被打亂了？不要設法計畫每天的每時每刻，銷售員不能這樣做，至少要尊重潛在客戶的時間。如果對方遲到，該怎麼辦？相應的是自己遲到，又當如何？

排程本身不是一種結束，要允許有一定的靈活性，並且在計畫中表現出來。大多數有經驗的銷售員在制定計畫時，只安排一天中九〇％的時間。時間計畫新手應該從一天的七〇％的時間開始做起，實踐經驗會使銷售員很快達到專業的水準。計畫就是例行公事，專業的銷售員不會把這件事情遺忘，它不是日常的一件瑣事，它既是對令人興奮的一天的總結，也是對更加令人興奮的明天的展望。

利用最好的工具

時間計畫出來後，就知道一天的時光該怎樣度過，現在開始工作。銷售員應該在工作的地方安排業務。把電話號碼、潛在客戶的檔案、參考資料及其他資訊都放在身邊，然後安安靜靜地利用十五分鐘的時間做個計畫，用上時間計畫、銷售員的公事包和檔案資料，開始組織一天的銷售工作。銷售員需要一個最有效的工具，許多是現成的，如手錶與時間計畫表等。找到一種感覺舒服的並且需要使用的計畫工具，把計畫工具放在容易取到的地方。

抓住閒暇時間學習

毫無疑問，銷售員比起其他工作人員擁有更多的閒暇時間，也許這就是有些人選擇這個行當的最初原因。但怎麼管理利用自己的閒暇時間，把這些時間變成既有效又快樂，使工作能力不斷得到提高，又可以享受閒暇的幸福，不是一件容易的事情。可以明確一個觀念，銷售員有權享受閒暇，享受財富與閒暇帶來的幸福。在休息日，完全可以跟家人與朋友在一起，無論是去旅遊還是去飯店撮一頓，都是正當行為。但一般地說，銷售工作不可能做一輩子，有一天，銷售員會被要求，或是主動要求做其他事情，以現在的知識儲備，要勝任別的工作，恐怕還是會有一些困難，因此銷售員應該利用閒暇時間進行學習。

設定有挑戰性、可以達到的目標

一個人活在這個世界上如果沒有奮鬥目標，便猶如沒有舵的孤舟在大海中漂泊。沒有舵的孤舟，無論怎樣奮力航行、擊風破浪，終究無法達到彼岸。

一個人沒有人生的目標是可怕的，這不是說別人有多麼可怕，而是沒有目標的人本身就很可怕。卡內基曾經說：「毫無目標比有壞的目標更壞。」因為沒有目標不是這個人無所事事，而是這個人很可能無所作為。

想要成為成功的人，必須先有明確的人生目標。沒有人生目標，也就沒有具體的行動計畫；沒有行動計畫，做事就會敷衍了事、臨時湊合，也就沒有責任感，更談不上什麼意志堅強、鬥志昂揚。沒有目標，什麼才能和努力都是白費的。

大學生在談及高中時代的學習生活時，都對那個時候吃的「苦」發出萬般感慨，但那個時候卻並未覺得很苦，因為心中有明確的目標——「考大學」。相反地，還覺得那個時候過得既實在又快樂。考上大學後，部分學生又為自己定下「考研究生」的目標。然而，也有許多學生沒有目標，他們得過且過，看似輕鬆，卻缺少年輕人應該有的蓬勃向上的朝氣，這部分學生總是經常追憶高中時代的那份充實感和快樂。其實，他們只要再為自己定下目標，無論什麼樣的目標，他們都可以找回那份感覺。

業務員作為公司的一線人物更應該有自己的奮鬥目標。應該為每天、每個星期、每個月、每一年，甚至你的一生確定目標。正像種子需要有雨水的滋潤才可以破土而出，你的生命也需有目標方能結出碩果。在制定目標時，不妨參考過去的最好成績，並且使其發揚光大。永遠不要擔心你的目標過高，因為「取法乎上，得其中也；取法乎中，得其下也。」

著名業務員喬・坎多爾弗在談及這一點時說：「作為一名業務員，你必須為自己建立可以達到的實際目標。當你達到這些目標，就把目標再提升一點，並再努力達到。如果你只建立長期目標，沒有建立相應的中短期目標，長期目標就會變得遙遙無期，甚至難以達到，進而使你洩氣，只得撒手作罷。比之於為某些重要但長遠的目標進行艱苦卓絕的苦鬥，我認為，一些小小的勝利也極富有現實意義——運用這種方法，你就可以達到長期目標。」這是坎多爾弗的成功經驗，他自己就是這樣做的，「數十年來，我為自己制定和提出日推銷目標和周推銷目標，這些短期的目標使我有能力完成我的長期目標。我所要達到的就是每個星期一定的推銷量。我不認為推銷量的高低與你使用的計畫系統有必然的關係，但絕對肯定的是，你必須建立若干目標並且有達到這些目標的計畫。確定推銷目標就會給你指明方向，並幫助你監督計畫方案實施情況，使你取得成效。」

把大目標分成許多小目標

心理學家做過一個實驗：把一些從未割過麥子的學生分為兩組，讓其中一組從麥地的東頭開始割，另一組從西頭開始。這塊麥地很大，一眼看不到盡頭，在麥地的中間插著一杆紅旗，看哪個隊先割到那裡。心理學家在其中一組的前面，每隔三公尺就插上一面綠旗，在另一組前面什麼也沒有放上。

比賽結果正如心理學家預料的那樣，前一組獲得勝利。之所以前一組獲勝，是因為這一組的大目標被分成可望又可及且極易達到的小目標。

小目標的完成就是一次小小的成功，而自信心正是透過許多大大小小的成功逐漸獲得的。一位馬拉松賽跑的老牌選手對人說：「跑完四十二·一九五公里的長距離是很艱苦的事情。為了緩和心裡的痛苦，我通常在事先看看全程情形，例如：跑到某大樓、某座橋時是幾公里，然後自己先把全程分成幾個終點。當跑完一個終點時，心情就放鬆一些。我就是以這種方法跑完全程，並且創造新的紀錄。」

把大目標分成許多小目標，這是實現大目標的一個相當有效的方法。

有一位雄心勃勃的年輕女孩向喬・坎多爾弗請求指導，那個女孩踏入股票經紀人的行列不久，她說：「我打算在兩年之內，成為公司首屈一指的業務員。」

坎多爾弗沒有對她進行長篇大論的指導，只是向她表示，對她來說，明智的做法是先設立一些短期目標。他提供建議：「為什麼你不設立一些切實可行的目標，像每個星期給素不相識的顧客打一百個電話？」稍作停頓，他又說：「這些電話的目標就是瞄準五名顧客。現在，如果你一天獲得一個新顧客，以正確的方式與他們進行電話聯繫，並且以你滿意的顧客為核心達到一定的推銷量。」

坎多爾弗為她制定日、週、月、季和年度目標，這樣就使她不至於產生雄心大志落空的感覺，進而使短期目標為長期目標的實現開闢道路，打下基礎。

古人云：「不積跬步，無以至千里。」所以，我們不僅要制定長期目標，也要制定短期目標——年目標、月目標、週目標、日目標。

選擇一個對手作為前進目標

眾所周知，長跑選手在進行比賽時都會緊緊地跟住某個對手，選擇在適當的時候再奮力超越他，然後再跟住另一位對手，再在適當的時候超過他。這樣繼續堅持下去，就會贏得比賽的勝利。

為什麼要這麼做？長跑，尤其是國際馬拉松比賽，是運動員體力與意志力的較量，而意志力尤其勝過體力，有人就因為意志力不足，在體力還很充足時就退出比賽；也有人本來一路領先，但卻不知不覺停頓下來，被後面的選手趕上。緊緊地跟住某位對手就是為了避免這種情形的發生，借對手的狀況來激勵自己的行動，告訴自己別行動得太慢，以免被別人遠遠落下。此外，也有解除孤立無援的作用，你如果觀察一下馬拉松比賽，就會發現這種情形：先是形成一個個小集團，然後再分散成五人或三人的小組，過了半途以後，才慢慢地冒出領先的一個人。

我們一生的行動其實也是一段「長跑」。既然是長跑，就要學會選擇一個對手並緊緊跟住他，把他當作你即將超越的目標。

但是你要找的「對手」是有條件的，不是胡亂找的。

你可以以你周圍的同事或同學為目標，當然你要找的目標無論在成就還是體力上目前都要比你好的。換句話說，是「跑」在你前面的那個人。但是，也不能找那些跑得太前面的人，因為你不一定有足夠的能力跟得上他，就算暫時能跟住，也要花很長的時間和很多的力氣，隨後又會被甩在後面，這會讓你跑得異常辛苦，而且充滿挫折感。例如：如果你只是一個小職員，一個月賺一千元，你要和年薪一百萬的總經理比較，那你的日子將會變得非常苦，別人也會笑話你不知天高地厚。

一旦對手找到以後，你要進行分析，看他的本事到底在哪裡？他的成就是如何得來的？平常他做事的方法，包括人際關係的經營、能力的增長、行動的規範，你都要有所瞭解。你可以學習他的方法，也可以自己在獨特的方法上花費工夫，相信很快就會有所長進——你慢慢地和他並駕齊驅，然後超越他。

等你超越對手後，可以再跟住另一個對手，並且果斷地超越他。

這樣的行動說起來好像很容易。其實，只要你下定決心，要跟住一個對手並且超越他也確實不難。相反地，如果你沒有決心，就算對手放慢腳步，或是在前方停下來等你一段時間，你還是無法超越。

但是，還存在另一種事實：在長跑時，跟住一個對手不等於你可以超越他，可能你才跟上他，他突然提速，又把你甩在後面。做事情也是同樣的道理，好不容易接近對手，他又把你拋在後面。不必為此擔心，更不能灰心失望，因為這種事情是難以避免的，一旦碰到這種情形，如果可以跟上去，當然很好，如果實在跟不上去，就要果斷地調整目標，這並不表示你白花費力氣。因為，你跟住對手的決心和努力，已經讓你在跟的過程中挖掘潛能，比沒有對手可跟的情況下進步得更快、更大。**更重要的是，在跟住對手的過程中，你的意志力得到磨練，也驗證成果，這種經驗將是你一輩子受用不盡的本錢。**

永遠不要滿足

生命是由若干個有限的「現在」累積而成的。當我們安於現狀，對「現在」漠然視之時，今天的「現在」會成為明天的「過去」。成功者都是「從現在開始」「立刻行動」，失敗者則以「明天再說」為藉口。

成功絕非偶然，可是要成功到底需要什麼條件？相信這個問題一定使很多人都覺得困惑。其實，這個答案並不那麼複雜，無論時代趨勢如何演變，最重要的是要對自己所從事的行業有充分的認識。簡單地說，成功的人只是因為他們想要成功。要成功，就須竭盡一切心力、無視各種橫阻眼前的困難，朝成功之途不斷地衝刺。

伊藤，這位一流銷售員在日本銷售界素有「販賣機器」之稱，但是在當初他要踏入這個行業時，家人無不極力反對，而他則以實際行動證明自己的抉擇是正確的。

每天早上天空還亮著幾顆稀疏的晨星，他就已經開始拜訪客戶，晚上經常工作到十點、十一點，除了投入比他人更長的時間之外，他還利用腳踏車在市內、近郊巡迴開拓以提高拜訪效率。這樣做使他在進入公司十天後，當月業績結算時，以優異的成績奪得新人獎，甚至於部門主管還不敢相信一名毫無經驗的新手能在短短十天內創下如此驚人的業績，還特地打電話給他的客戶，確定一下契約是否屬實。

伊藤既無專業知識又無銷售經驗，全無有利於他的客觀因素，他擁有的只是一個信念——「我要成功」。他心中很明白，這次是背水一戰，再也沒有多餘的時間供他浪費，也因為他相信天時、地利、人和是可以由自己創造的。他用足夠的信心、毅力及充分的熱誠，來把握每一分鐘，進行最完美的演出。因為，商品雖然重要，但是促使客戶購買的卻是銷售員本身的人格。從今天起，出門拜訪客戶前請先照照鏡子，告訴自己：「我會成功！我有絕對的信心及熱誠！」

身為銷售員，必須永遠不懂什麼叫滿足，只有不滿足目前的狀況，才可以創造更好的成績。

讓你生命中的「骨牌」站立起來

你知道骨牌效應吧？

將骨牌排成一直線，推倒第一個，其他的就會一個接一個地倒下。

一個電視脫口秀節目正進行骨牌表演。骨牌被小心翼翼地一個接一個排好，幾萬個骨牌排成各種各樣的圖案。其中的高低起伏比路的坡度還大。排好之後，年輕的表演者準備開始驗收成果。

他用手指推倒第一張骨牌，骨牌開始動起來，他也笑了。「卡啦，卡啦，卡，卡」第一張骨牌釋放出的力量不斷地增加，傳遍其他所有的骨牌，經過曲折的路線和螺旋的圖形，一排接一排地倒下去，非常有趣，同時也以一種我們從未見過的方式，展現自我推銷的成功力量。

這就是連鎖反應。

你一定在馬路或高速公路上看到過，交通阻塞、下雪、下雨或某些特殊狀況時，一部車緊跟著前面那一部車，突然前面的車停下來，後面的卻來不及剎車，於是後車撞上前車，前車又撞上更前面的車，就這麼一部接一部撞上去。隔天你就會在報紙上看到，九部或十部車的連環追撞。最前面的車根本不知道後面九部車發生什麼事，更沒想到他引發的動力竟傳了那麼遠。

連鎖反應，它的結果可能很糟糕，但是它的原理具有很正面的價值。沒有人在自我推銷的時候想被推倒，沒有人想在車陣中被人前後追撞。推銷成功招徠推銷成功，推銷失敗招徠推銷失敗。但是，讓你生命中的骨牌站立起來，而不是倒下去，是絕對可行而且很簡單的。運用生命中的動力讓你從困境中跳出來，而不要陷進去。

心學堂 19

世界上最偉大的推銷員

作者 林望道
美術構成 騾賴耙工作室
封面設計 九角文化/設計
發行人 羅清維
企劃執行 張緯倫、林義傑
責任行政 陳淑貞

企劃出版 海鷹文化
出版登記 行政院新聞局局版北市業字第780號
發行部 台北市信義區林口街54-4號1樓
電話 02-2727-3008
傳真 02-2727-0603
E-mail seadove.book@msa.hinet.net

總經銷 知遠文化事業有限公司
地址 新北市深坑區北深路三段155巷25號5樓
電話 02-2664-8800
傳真 02-2664-8801
網址 www.booknews.com.tw

香港總經銷 和平圖書有限公司
地址 香港柴灣嘉業街12號百樂門大廈17樓
電話 （852）2804-6687
傳真 （852）2804-6409

CVS總代理 美璟文化有限公司
電話 02-2723-9968
E-mail net@uth.com.tw

出版日期 2022年10月01日 一版一刷
定價 280元
郵政劃撥 18989626 戶名：海鴿文化出版圖書有限公司

國家圖書館出版品預行編目（CIP）資料

世界上最偉大的推銷員 ／ 林望道作.
-- 一版. -- 臺北市 ： 海鴿文化，2022.10
面 ； 公分. --（心學堂；19）
ISBN 978-986-392-466-1（平裝）

1. 吉拉德 2. 汽車業 3. 推銷 4. 傳記 5. 美國

496.5 111014096

SeaEagle

SeaEagle

SeaEagle

SeaEagle